川の環境目標を考える

―川の健康診断―

◉監修◉

中村　太士
辻本　哲郎
天野　邦彦

◉編集◉

河川環境目標検討委員会

技報堂出版

本書のねらいと経緯

　平成9年に河川法が改正され，従来の河川管理の目的である「治水」，「利水」に，「環境」が加えられた。これまで，多自然型川づくりなどのさまざまな環境保全への取り組みが実施されてきた。しかし，河川事業を実施する際の環境への影響緩和策として進められた事例が多く，具体的な環境の保全または再生の目標を提示しながら行われた例は少ない。そのような背景のなか，河川整備の方針・計画において，現状では治水，利水には具体的な目標があるが，「環境（自然環境）」の目標は定性的な表現にとどまっており，具体的な内容を記載する必要性が指摘されている。目標が明確でないために，事業の効果や影響評価があいまいになりやすいとの意見もある。河川環境の目標を具体化できていない原因として考えられるのは，

- 「健全な河川環境とは何か」が明らかになっていない
- 河川環境の健全さの評価（健康診断）に関する技術論が確立・共有されておらず，現状を測るものさし（指標）や診断のめやす（基準）がない
- 過去の人為影響の少ない河川環境を目標にしても，制約条件から実現が困難な場合が多い
- 環境を構成する要素が多く，関係が複雑であり，将来予測をするための技術開発が十分ではない
- 河川環境は流域からの影響も受けており，河川整備だけではその影響の緩和や解決が難しい
- 目標には価値判断が入りやすく，合意形成を行うには定性的な表現にせざるを得ない

などである。このようなことから，各現場において環境保全の程度や整備の達成度を明示しながら事業を行うことも難しくなっていると考えられる。

　一方で自然再生など環境を主に扱う事業が本格化したこともあり，河川技術者には河川環境の保全・再生を進める上で，以下のようなことが求められている。

- 流域や地域との関係を考慮し，広い視野で河川環境の現状・問題点をとらえる

本書のねらいと経緯

- 河川環境の形成メカニズムの理解に基づき，現状・問題点を分析し，将来の見通しを客観的に把握する
- 望ましい河川環境の実現に向けて，また関係者の合意形成に資するよう，方向性とともに具体的な目標をもった計画を策定する
- 目標達成のための個々の事業等は順応的に進める

このような中で，科学的，客観的に河川環境の目標を設定するにはどうすればよいのかを探るため，研究者が半ば自発的に集まって「河川環境目標検討委員会」が立ち上がった。

委員会は，目標を決めるには河川環境の現状を分析し，評価すること，すなわち健康診断が必要であるとの認識に立ち，その手法などについて検討を行ってきた。また，目標設定には合意形成のプロセスが必要であるが，その議論は別の場に譲ることとし，科学的，客観的に目標の原案が立案できるようにすることを目的として進められてきた。しかし，河川環境の健康診断や目標設定については，実際に議論が進むにつれ，さまざまな考え方や課題があることが明らかになり，委員会として「こうすればよい」という結論には残念ながらまだ到達していない。川の個性や歴史性に着目して流域ごとに考えればよいとの意見や，地域や日本全体などのスケールで考えてはどうか，なんらかの評価（診断）基準をつくるのはどうかなどの意見も出されている。

以上のように結論が出ていない状況ではあるが，河川環境の健康診断から目標設定に向けてのおおまかな道筋や，利用できそうな手法などについても議論がなされた。この議論の過程そのものが，それぞれの河川に関心のある方の参考になるものと考えられ，委員会で議論された考え方や手法を，書籍にまとめることとした。2005年に本委員会は，ワークショップ「河川環境目標への科学的アプローチは可能か－考え方と実際－」を開催した。本書はこのワークショップでの成果および委員会での議論の内容を中心にまとめたものである。

本書では，河川環境の目標設定の流れや分析・評価といった用語をイメージしやすくするために，人の健康診断の類推表現を適宜用いている。その上で，河川環境の目標設定の流れの概要や留意事項（第1章），目標設定の流れの全体像や段階ごとの内容（第2章），現状の把握から保全・再生の必要性の評価までの段階で利用できると思われる手法を示した（第3章，第4章）。また，適

宜概念的な項目については解説を加えるとともに，今後さらに議論が必要な論点を整理した．

　なお，本書では河川環境の目標に関する議論を単純にするために，河川環境としては自然環境を中心にとらえることとした．一般には「河川環境とは，水と空間の統合体である河川の存在そのものによって，人間の日常生活に恵沢を与え，その生活環境の形成に深くかかわっているものと考えられる．」（河川審議会，1981）として，河川環境は河川の自然環境，および河川と人とのかかわりにおける生活環境（水質，景観，アメニティなど）とされている（建設省河川法研究会，1998）．多自然川づくりの定義としても「河川全体の自然の営みを視野に入れ，地域の暮らしや歴史・文化との調和にも配慮し，河川が本来有している生物の生息・生育・繁殖環境，ならびに多様な河川風景を保全あるいは創出するために，河川の管理を行うこと．」（多自然型川づくりレビュー委員会，2007）とあるように，河川環境は，自然環境に加えて，人とのかかわりにおいて育まれてきた歴史的あるいは文化的な価値や地域にふさわしい風景としての価値も有するものと考えられている．

　河川環境の目標の設定方法については，前述のように委員会としてひとつの結論が得られたわけではないが，一方で解決すべき課題はより明確になってきた．今後とも課題の解決に向けて議論を重ねて行きたいと考えている．本書に示した委員会での議論の内容が，河川環境の健全性をもっと科学的・客観的に評価したいという方に少しでも参考となり，それに基づく目標設定の議論や課題解決に向けての努力が多方面で展開され，今後の体系的な河川管理の一助になれば幸いである．

委員会構成

委員長	山岸	哲	財団法人山階鳥類研究所所長
委員長代理	廣瀬	利雄	社団法人日本大ダム会議顧問
	楠田	哲也	北九州市立大学大学院国際環境工学研究科教授
	國井	秀伸	島根大学汽水域研究センター教授
	島谷	幸宏	九州大学大学院工学研究院環境都市部門教授
	谷田	一三	大阪府立大学大学院理学研究科生物科学専攻教授
	辻本	哲郎	名古屋大学大学院工学研究科社会基盤工学専攻教授
	中村	太士	北海道大学大学院農学研究科環境資源学専攻教授
	福岡	捷二	中央大学研究開発機構教授
	森	誠一	岐阜経済大学コミュニティ福祉政策学科生物学教室教授
	尾澤	卓思	国土交通省河川局河川計画課河川計画調整室長
	藤田	光一	国土交通省国土技術政策総合研究所河川環境研究室長
	天野	邦彦	独立行政法人土木研究所水環境研究グループ上席研究員
	萱場	祐一	独立行政法人土木研究所自然共生研究センター長

（平成19年3月現在）

目　　　次

第1章　河川環境の目標設定の考え方 ── 1

1.1　河川環境の質とその変遷の概要 …………………………… *2*
1.2　河川環境の潜在的な状態と目標 …………………………… *5*
1.3　河川環境の目標設定 …………………………………………… *7*
1.4　河川環境の目標設定の流れ（概要）……………………… *10*
　　（1）　集団検診　　*10*
　　（2）　精密検査　　*10*
　　（3）　治　　療　　*11*
　　（4）　経過観察・定期健診　　*11*
　　（5）　説明と同意　　*11*
1.5　河川環境の目標設定において留意すべきこと ………… *13*
　　（1）　リファレンスの設定の重要性　　*13*
　　（2）　河川環境の階層構造　　*14*
　　（3）　生物の許容度や応答のタイムラグ　　*17*
　　（4）　住民意見・合意形成　　*19*
　　（5）　現在の河川行政との関係　　*19*

第2章　河川環境の目標設定の流れ ── 21

2.1　集団検診（「現状の把握」，「現状の評価」）の段階 ………… *22*
2.2　精密検査（「将来予測」，「保全・再生の必要性の検討」）の段階 … *30*
2.3　治療（「具体的な対策の検討」，「対策の実施」）の段階 …… *32*
2.4　経過観察（「フォローアップ」）の段階 ……………………… *34*

目次

第3章 集団検診（現状の把握と評価）の方法 — 37

3.1 現状の把握の方法 ……………………………………………… 39
(1) 河川環境調査（データの収集）　*40*
(2) データの整理および指標の検討　*42*
(3) 海外で利用されている評価方法のまとめ　*52*
(4) 結果の可視化とランクづけ　*54*

3.2 現状の評価 ……………………………………………………… 56

3.3 今後の課題 ……………………………………………………… 58
(1) 広い範囲の連続した環境情報の取得（調査手法の開発）　*58*
(2) 撹乱・循環の指標化方法　*59*
(3) 全国や地域など広域での評価の実施　*59*
(4) 全国や地域など広域での評価の実施　*61*

第4章 精密検査（将来予測と保全・再生の必要性の検討） — 63

4.1 歴史的変遷の整理 ……………………………………………… 64
(1) 河川管理で取得しているデータ　*65*
(2) 環境に関するデータ　*66*
(3) インパクトとしての自然現象や人為改変　*66*
(4) 航空写真や風景写真の利用　*66*
(5) データのまとめ　*68*

4.2 インパクト−レスポンスの想定・検証 ……………………… 70
(1) インパクト−レスポンスの想定　*70*
(2) インパクト−レスポンスの検証と問題の原因解明　*72*

4.3 原因の検証と将来予測 ………………………………………… 74
(1) 原因の検証を行うための手法　*74*
(2) モデルによる記述の例　*75*

4.4 保全・再生の必要性の検討 …………………………………… 78

第5章 治療から経過観察まで（対策の実施やフォローアップの事例）———— 81

- **5.1 治療方法の選定** ……………………………………………… 82
  - (1) 予測を行う主な手法 *82*
  - (2) 予測手法の課題 *84*
- **5.2 経過観察** ……………………………………………………… 86
- **5.3 治療プログラムの事例** ………………………………………… 87
  - 5.3.1 自然再生事業等での治療方針の設定例 *87*
  - 5.3.2 多摩川における事例 *90*
    - (1) 多摩川永田地区自然再生事業の概要 *90*
    - (2) 経　緯 *91*
    - (3) 治療・経過観察 *95*
    - (4) 今後の課題 *98*
  - 5.3.3 標津川における事例 *98*
    - (1) 標津川自然再生事業の概要 *98*
    - (2) 経　緯 *98*
    - (3) 治療・経過観察 *101*
    - (4) 今後の課題 *103*
  - 5.3.4 北川における事例 *104*
    - (1) 北川自然再生事業の概要 *104*
    - (2) 経　緯 *104*
    - (3) 治療・経過観察 *106*
    - (4) 今後の課題 *110*
  - 5.3.5 円山川における事例 *110*
    - (1) 円山川自然再生事業の概要 *110*
    - (2) 経　緯 *111*
    - (3) 治療・経過観察 *112*
    - (4) 今後の課題 *115*

第1章

河川環境の目標設定の考え方

1.1 河川環境の質とその変遷の概要

わが国の河川は，過去からのさまざまな流域への人為的インパクト（都市化や農業などの土地利用の変化およびそれによって河川に流入する水量，土砂，栄養塩などの変化，水産業（漁獲や放流）による変化）を受けて，水質の悪化，生物相の貧弱化，景観の悪化など，河川環境の質[1]の低下が生じている（図-1.1）。とくに下流域では氾濫原が都市化により高度に利用され，河川が流れる空間が制限・縮小されている状況にある。

河川自体も治水上の必要性から，上流にダムが建設されたり，河道も拡幅・浚渫などによって改修・直線化されたり，堤防・護岸の整備などが行われて改変されてきた。ダムによる洪水調節は，洪水という河道への攪乱の規模，頻度を大きく変化させ，河道への土砂供給を著しく減少させた。また，利水目的で，堰などの横断構造物が設置され，取水や貯留により平水時の水量が減少して流況（流量変動パターン）が変化したり，土砂流送にも影響が出ている。高度経済成長期には大量の砂利が河道から採取された。近代の土木技術の発達により，これらのインパクトはより大規模に，かつ急激に河川に加えられるようになってきた。

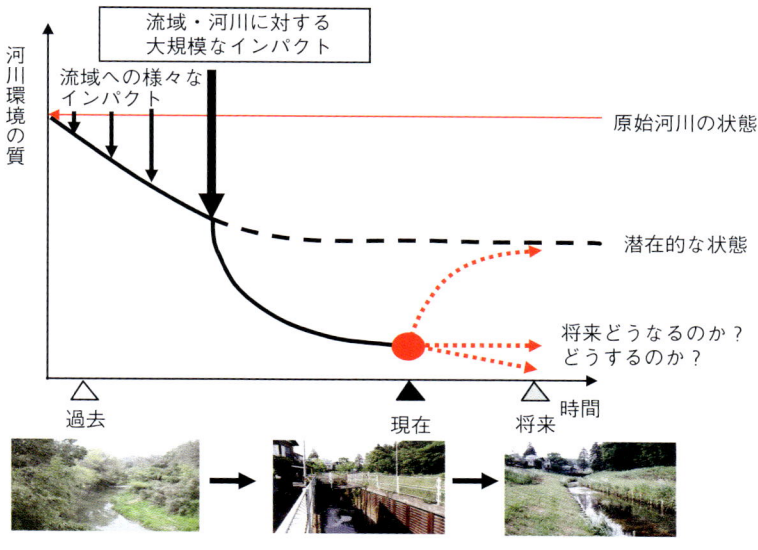

図-1.1　河川環境の変遷のシナリオ（辻本，2006を改変）

BOX 1　河川環境の質

　概念的には，過去に人為的な影響を受けた河川が，健全な姿（潜在的な状態）から歪んでおり，河川環境の質とはこの歪みの程度，裏を返せば健全性の度合いを示すものである（**図-1.2**）。自然再生はその歪みをできるだけ小さくする行為である。

　具体的に河川環境の質をどのようにしてとらえるか，つまり歪みをいくつの側面からとらえるか，どのような指標を用いて把握・表現するかについては決まった方法がなく，結論は出ていない。しかし，生物多様性や生産性・移動性，生物の生息・生育場（ハビタット）としての構造（場のサイズ，配置の多様性など）や機能（生活史に対応した連結性など），水質（浄化機能），親水性・景観的な快適性などに着目し，これまで測られている生物に関するデータ，環境の物理・化学的なデータを活用することが重要と考えられる。1.3節に示した「乖離の程度」は，河川環境の質を相対的に測る総合的な指標にできる可能性がある。

　個々の生物のデータは空間的・時間的に不連続であることが多いのに対し，河川環境情報図などにも記載されている生息・生育場となる瀬・淵，河原や植生帯などの物理環境要素は，その広がり・量を河川全体でとらえることが可能である。よってこれらを指標に用いることで，生物からみた河川環境の状態（質）を，将来的にはある程度広範囲に定量的に把握できる可能性がある（第3章参照）。とくに，植生（樹林帯）は，環境と治水のバランスの観点から問題になること，都市部では残された自然という目でも見られることから，注目される環境要素である。

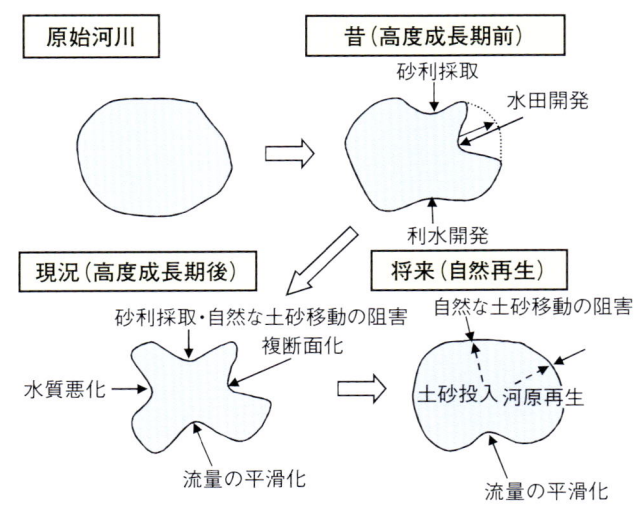

注）土砂投入などの人為的な対策を止めると歪みが再び生じることもある。

図-1.2　人為的な影響（自然再生も含む）に対する自然の反応イメージ
　　　　（島谷，2006を改変）

これらの人為的なインパクトにより，河川の生物の生息や繁殖に適した場が少なくなり，場所によっては個体群の維持が困難になっている種もある。河川では，直接的に生息・生育場がなくなるだけでなく，流水，土砂，栄養塩などの変動・輸送パターンに代表される河川システムの変化によって，生息・生育場の変質が生じる。また，生活史上必要な生息場間の移動（遡上・降下など）の阻害によっても，生物群集や希少な生物が影響を受ける。現在の日本の河川は，生物からみると，過去のインパクトによって，① すでに環境の質が著しく低下している，② 現在も環境の質の低下が進行している，③ 放置すると環境の質の低下が進むおそれがある，④ いったん環境の質が低下したが回復途上にある，のいずれかの状況にあるといえる。

このような現状と人々の環境への関心の高まりを受けて，河川環境の健全性を取り戻す取り組みが積極的に行われている。平成2年の「多自然型川づくり」の推進についての通達（建設省，1990）が出されたのをはじめ，平成9年の河川法改正で「河川環境の整備と保全」が法の目的に位置づけられ，平成14年には自然再生推進法が成立し，河川環境の保全や再生に関する制度も充実してきている。多自然型川づくりや自然再生事業など河川環境への人為的な影響を除去または低減する事業は，平成14年までに約2万8000箇所（リバーフロント整備センター，2007）に達し，我が国は世界有数の河川環境の復元国であるとされている（中村ほか，2006）。

しかし，多自然型川づくりの多くは治水事業などに伴う限定された区間での対応が大部分であったことから，河川全体を通じて自然環境をどのように保全・再生していくかというビジョンに欠けていた（リバーフロント整備センター，2007）。さらに，自然再生事業を進めるにあたっては，計画の成否を将来評価するために，客観的で測定可能な目標を定めるべきである（日本生態学会生態系管理専門委員会，2005）といわれている。確かに目標を明確にしなければ，事業の効果や影響の評価があいまいになりやすいと考えられる。

ではどのように目標を設定すればよいのだろうか。

1.2 河川環境の潜在的な状態と目標

　環境面から考えると，河川の形，流況，水質，土砂動態などへの人為的なインパクトが小さく，そのため生物の生息・移動や景観などが自然に近い状況で維持され，また，地域住民が必要とする環境面の機能（やすらぎ，うるおいを感じる空間）が発揮されている状況であることが望ましい。

　しかし，河川および流域へのすべての人為的なインパクトが無い状態（原始状態）あるいはきわめて小さい状態へ戻すことは現実的には不可能である（Bravard *et al*, 1998）。**図-1.1** に示したような過去に河川へ加えられた大規模なインパクトを取り除いたとしても，流域からの負荷や土地利用に伴う制約などのインパクトはなくならない。そこで，これまでの変化の中に含まれる不可逆的な変遷をある程度認めるとすると，河川環境の質を回復できるレベルはどこかで制限されることになる。これらの制約条件は河川によって，地域によってさまざまであり，回復できるレベルも異なる（**図-1.3**）。

　したがって，河川環境における長期的な目標は，現状と原始状態の間のどこかに置くものではあるが，土地利用による制約条件を前提とする河川管理においては，河川自体への大規模なインパクトがなかった状態（これを「潜在的な状態[2]」とする）であると考えられる。潜在的な状態は，「潜在自然河相」と表現されることもある（辻本，1998）。

　島谷は，河川環境の目標設定に関するさまざまな意見の共通点として，a)

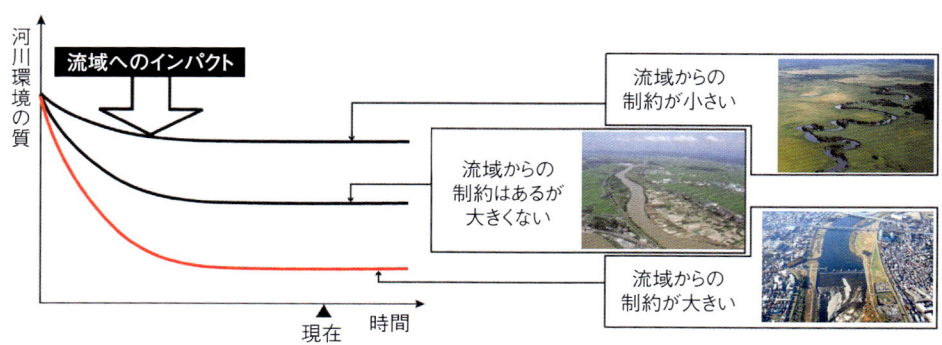

図-1.3　流域からの制約条件と回復可能な河川環境の質

まったく人為が入ってない状況ではなく大きなインパクトがある前の状況を目標とする（高度成長期前，1950年代以前，ダムなどの大規模インパクト以前と少しずつ異なる），b) 撹乱などを含めた，生息・生育環境が保たれる生態系システムを保全する，の2点を挙げている。具体的な規範とする環境については，① 改修する前の比較的良好な環境，② 近傍の河川で自然環境が良好に保たれている河川，③ 人為的な影響が軽微であった数十年前の状態の3つを挙げており，これらは潜在的な状態に近い概念である。

もし，潜在的な状態に近いと思われる環境が当該河川の中あるいは近隣の河川に残されていれば，それを復元・再生の手本にする（目標とする）ことができる。そこで，他の河川も含めて潜在的な状態に近い場所を効率的に探し出す方法が必要である。しかし，日本では歴史的に河川自体に大規模な人為インパクトを加えていることが多く，手本にできるような潜在的自然状態に近い場所が少ない。そこで，環境の将来予測を行う手法と同じような方法を用いて，過去の大規模なインパクトがない場合の現状をシミュレートしたり，空中写真などから得られる過去の情報から潜在的な状態を想定したりする必要性が生じる。

空中写真などの記録でたどれるように，第2次世界大戦直後に河原で植生が少なかったのは，自然撹乱によるものではなく，森林伐採の影響を受けて流送土砂量がきわめて多くなっていたためという解釈も考えられる。そうすると，このような河川景観は必ずしもその河川の「原始的な状態」ではない可能性もあるが，当時の流域の条件と土砂バランスによって成立していた「潜在的な状態」であると考えることもできる。

このように現時点では潜在的な状態は，各河川で明らかにされているわけではなく，まだ技術的な研究課題が多いが，空中写真など，読み解く手掛かりはある。

一方，実現可能性の観点や誤解が生じることから，「過去の〇年頃の河川環境の復元を目指す」といった目標の示し方には批判的な意見がある。しかし，潜在的な状態を目指すという立場からは，「ほぼ潜在的な状態であった，〇年前の河川環境に近い状態または機能の再生を目指す」というような表現で，過去の河川環境を目標像とすることも可能であろう。大規模なインパクトがまだ加わっていない年代を目標に設定することは，河川環境目標を議論するためのたたき台またはビジョンを共有するための方策となる。

> **BOX 2　　　　　潜在的な状態**
>
> 　河川生態系は常に変動する系であることから，潜在的な状態とは植生の極相のようにある時点の形態だけで示すのではなく，形態（構造）とともに生態系のサービス（機能）や変動性の面からもとらえられるべきである。しかし，その具体的な手法については決まった方法がなく，今後の研究が必要である。
>
> 　ところで，流域からの制約を前提とした潜在的な状態を目標とすることは，例えば河川管理者の立場からは現実的であろう。しかし，制約を解消する方向性や影響を緩和する（代償する）技術を模索することも必要である。例えば，流域（住民・自治体・河川管理者等）の連携による，流域へのインパクトや制約条件の低減（土地利用の転換や水質の改善など）が，河川環境の改善に最も有効な場合もあるであろう。川の中での工夫により河川環境の質のレベルを上げる技術としては，ある生物種を対象にした生息場の創出や，水質浄化のための植生帯の設置などが挙げられる。

1.3 河川環境の目標設定

　目標を設定するには，まず河川環境の現状を適切に評価することが必要である。しかし，河川環境については現在のところ水質環境基準のような評価基準[3]がないので，達成・未達成というような形では評価できない。すなわち目標を基準値から自動的に設定することはできない。

　現状の評価は，河川環境を複数の側面から計測し，目安となる状態（その河川の原始的な状態やそれに近いと思われる類似河川の状態など）を設定または想定した上で，それとの違い（乖離の程度）によって示すことが考えられる。河川環境はさまざまな物理・化学・生物的側面を有するため，必ず複数の指標を用いて計測されるが，「乖離の程度」はその指標群を総合化した，河川環境の不健全さ・歪みの程度を表すものである。複数の指標を総合化する手法としては，個々の指標をスコア化して合計するような方法や，各指標を用いて目安となる状態からの距離を計算する方法などがある。

　乖離の程度が明らかになれば，短期的な目標として，「できるだけ乖離の程度を小さくする」など定性的に記述することも考えられるが，ある時点までに

どの程度，潜在的な状態に近づけるのかを記述することが望ましい。この時点や程度は基本的には個別の河川において，現状評価，将来予測や実現可能性などから決定されると考えられる。現状で良好な環境が残っている場合には現状維持[4]（乖離の程度が拡大しないようにする）を目標とすることもあるだろう。国家的な方針として，一律に乖離の程度の縮小（＝健全性の向上）の割合を決めてしまうことも1つの目標の立て方である。一方，長期的な目標は，個々の河川の潜在的な状態を設定することが考えられる。

いずれにせよ，少なくとも乖離の程度と目標はできるだけ具体的な指標[5]（数値）で示されることが望ましい。河川環境の保全や再生を行う際に，自然環境が有する不確実性に対応するためには，モニタリング結果によって施策の内容（場合によっては目標自体も）を継続的に改善する必要があり，そのためには見直しの基準（ベースライン）としての数値目標が必要となる。

目標の内容（指標）としては，河川形態などの物理指標や注目すべき生物の生息密度などに着目して，その将来の姿（値）を設定することが考えられる。例えば，「瀬・淵の出現頻度を潜在的な状態と同等にする」，「かつて多数生息していた生物を，ふたたび同程度生息できるようにする」などである。また，ある場所の河川環境の機能面や動態に着目して，「流況や土砂動態を自然な変動パターンと同等にする」というような目標もありうる。

また，目標達成見込みの時期，方策の見直しを行う時期，見直しの手順などもあらかじめ決めておくことが必要である。達成時期について設定することは難しいが，目安として，短期的には一般的な行政計画の時間スケールである5〜10年とすることが考えられる。長期的には，遅くとも過去の大規模インパクトが加わった時期からの経過年数以内を目標年次とすべきであろう。

ところで，河川は下流への水，土砂や栄養塩などの物質，生物の輸送機能があり，これを通じて湖沼や海域の環境に影響する。したがって，これらの水域環境の現状評価に基づいて河川管理の内容を決めたり，河川環境の目標を変更せざるを得ない場合も少なくない。しかし，本書ではひとまず湖沼・海域の環境評価は検討の範囲には含めないこととする。

BOX 3　　水 質 環 境 基 準

水質環境基準は，主に人の健康や水利用上の観点から設定されているが，生活環境項目（河川においては，BOD，DO，SS，pH，大腸菌群数）では，水道や農業

利用，水浴，水産生物への影響，日常生活の不快感（悪臭やゴミの浮遊等）を考慮した基準値が設定されている。近年は水生生物の保全に係る水質環境基準として全亜鉛が設定された。河川ではBODの基準の達成率は着実に上昇しており，平成18年度で約93％となっている。

　基準項目や類型ごとの基準値（目標値），水域の類型あてはめについては，硬直化しているとの指摘もあり，社会の変化を反映した見直しも検討されている。また，河川の水質は流量によっても変動することから，これを考慮した枠組みを検討すべきという意見もある。一方で，昭和53年のOECDレポート「日本の経験－環境政策は成功したか」ではこうした水質行政の成果が高く評価されており，これまで日本の水環境の改善に一定の役割を果たしてきたと考えられる。技術的な課題は残るが，河川環境全体についても大胆になんらかの基準値を設ける時期に来ている。

　なお，達成期間については，水質環境基準では類型ごとにイ：ただちに達成，ロ：5年以内にできるだけ早く達成，ハ：5年を越える期間（遅くても10年くらい）でできるだけ早く達成，に分類されている。この分類は，当該水域における水質の現状，人口や産業の動向，達成の方途等をふまえ，将来の水質の見通しを明らかにした上で決定すること，基準を速やかに達成することが困難な水域については，施策実施上の暫定的な改善目標値を設定することになっている（岡田，2000）。河川環境の目標達成時期を設定する際にも同様の検討が必要である。

BOX 4　現状維持を目標とする

　環境アセスメントにおいては，環境の現状維持が目標となる。したがって，現状が将来（事業実施後）の予測結果の比較対象となる。この場合は，何（指標）によって評価するかを決めることがポイントとなる。このことから，現在の環境アセスメントの項目（動植物の重要種や生態系）や予測の考え方，手法などは，目標を示すための指標を選定する際の参考になる。

BOX 5　指　標

　指標の選択の困難さ，予測技術（とくに生物に関する項目）の精度等の制約から，具体的・定量的な目標を示すことが難しい（数値化は不可能）との考え方もあり，定性的な表現にとどめざるを得ないこともある。一方，精度等に問題はあっても，事前に住民等との合意形成を図った上で，あえて数値で表せる指標で目標を示すべきとする考え方もある。

1.4 河川環境の目標設定の流れ（概要）

河川環境の目標設定の流れを，人の健康診断の過程になぞらえてみるとわかりやすいと考え，以下のように集団検診，精密検査，治療，経過観察の段階に分けて整理した。

(1) 集団検診

「集団検診」では，限られた項目（指標）ではあるが，まず身体の概況を知り，ある集団の中での標準的な範囲（健康な状態[6]）との差を把握し，外れる部分の有無とおよその差の程度を知ることができる。例えば身長と体重の関係から肥満度を求め，成人病の危険性に関するおおまかな評価を得ることができる。

同様なことが河川環境についても可能であれば，何か異常な傾向を示唆するような診断結果を得ることができるかも知れない。異常が認められれば，今後どうなるか，原因は何かを詳しく検査することとなる。ただし，どういう指標と値で異常と判断するかは難しい問題である。全国的な保全・再生施策を立案する際には，この段階で，ある指標に関して標準的な範囲から外れた集団が少なくなるように目標を立てることも考えられる。

(2) 精密検査

「精密検査」では，集団検診で概略わかった情報をもとに，既往の症歴（カルテが必要）や体質も含め，詳しい検査によって異常の原因を探り，深刻な状態になる恐れが高いかどうか，治療の必要があるかどうかを判断する。健全だったときの状態，すなわち潜在的な状態も推定する。

また病状によって，体質改善や投薬，手術によって根治できるか，対症療法を行いつつ様子をみるかなども判断することとなる。河川環境で考えると，この段階では将来の河川環境を予測し，なんらかの対策を取る必要があるかを判断するとともに，取りうる対策の内容についての検討を行う。

(3) 治療

「治療」では，病状・体質などに応じて投薬や手術などの手段を選ぶが，本来環境の持つ自然の治癒力を発揮させることが基本である。河川環境について考えると，問題と流域の特性に応じて，構造物の撤去，河道の再自然化，流況の改善，水質対策，生息・生育環境の整備などの具体的な対策を検討して選択し，実施することはおおむね対症療法である。この際実施する対策の量（薬の量）と期待される効果[7]を目標として示すこととなる。また，効果が現れると期待できる時期を示したり，経過を見きわめて対策を見直す時期をあらかじめ決めておくことが重要である。

流況の改善のような，体質改善にも例えることのできる流域レベルの方策を志向することが本来的に望ましいが，実現は難しいことが多い。しかし，地先における対応は一時的な対症療法のようなものになりかねないため，流域の特性を考慮して実施するべきである。

(4) 経過観察・定期健診

治療実施後には，経過を観察し，また定期的に検診を受ける必要がある。河川環境についても，実施した対策をフォローアップし，治療段階で期待されていた状態（目標）に達しているかどうか確認し，不十分な場合は治療行為を継続したり修正を行う必要がある。また，治療効果がみられない場合は，病気の原因や体質などの見極めが不十分であった可能性もあるので，この場合は精密検査をやり直すことが必要となる。

なお，集団検診から治療に至るまでの検査の記録（とくに既往歴），フォローアップ（経過観察・定期健診）で得られた情報は，すべてその河川のカルテとして残し，充実させるべきものである。

(5) 説明と同意

人の健康診断から治療の各段階では，患者に対するインフォームド・コンセント（説明と同意）が重要であるが，河川環境においても，住民意見を収集し，診断結果や設定した目標・対策の内容や量について，住民と関係者が合意形成を図ることが重要である。

BOX 6　健康な状態

　ある集団の中での標準的な（平均的な）状態を，とりあえずの健康度の目安にしてよいかどうかは，人為の影響を受けていない河川が少ない現状では意見がわかれるところである。人間に例えると，肥満気味の人間が多い社会では，体重などが平均的な値であっても，必ずしも健全であるとはいえないからである。病気の発生率の低い集団における平均的な値をとるべきなのかも知れないが，河川環境において「病気である」とする定義も確立できていないこともあり，「健康な状態」の想定に関する技術的な議論はまだ途中段階にある。

　自然再生では，環境の持つ自然の治癒力を発揮させる（人はそれを手助けするだけである）ことが重要であるとされているが，このような治癒力（例えば，河川において1回の出水で撹乱を受けた生物相がある期間で徐々に回復するようなこと）が大きいか小さいかなどで健康の度合いを測ることも考えられる。

BOX 7　期待される効果と目標

　人の治療の場合の目標は，対策（薬）の量ではなく，効果（症状がでる頻度が0に近くなるというようなもの）で示されるものと考えられる。河川環境の場合，目標を流況の改善など対策の内容や量（アウトプット指標）で示すのがよいか，損傷を受けた生物の生息・生育状況の回復といったような期待される効果（アウトカム指標）で示すのがよいかは一概にいえないところがある。

　例えば，河川環境は，よく知られているようにその変動性（洪水による外力）によって大きな影響を受ける。そのため，変動性（ダイナミズム）の再生を目標にすることが考えられる。しかし，変動性を取り戻すことを保全・再生の方策と考え，それによって再生・維持される生息・生育場や生物群集・希少な種などを目標にする方がわかりやすいとする考え方もある。

　住民との合意形成や対策の見直しを考慮すると，できるだけ期待される効果（生息・生育場や生物種・生物群集）で示す方が受け入れられやすいかもしれない。しかし，生物種・生物群集の生息・生育状況は，対策の実施によってすぐに回復するとは限らない（1.5節（2）項参照）ため，生息・生育場の数や面積を指標とする方が妥当なことが多い。

　なお，外力と生息・生育場，生息・生育場と生物群集の関係が明らかであれば，いずれを目標として用いても同じあるが，HEPあるいはPHABSIMモデルが構築されているいくつかの種を除き，現在の技術・研究レベルではまだまだ可能な状況にはない。このような予測不可能性の大きさから，生物群集などを目標にすることにはむしろ慎重であるべきとする考え方もある。

> **BOX 8　　　　スクリーニングとスコーピング**
>
> 　人の健康診断の過程になぞらえた目標設定の流れは，環境アセスメント（以下アセスという）の手続きにも類似しているところがある。例えば，アセス（事業アセス）の手続きの流れの中でまず始めに行うのは，アセスの対象事業か否かを振り分ける手続き（スクリーニング）である。ここでは事業内容と規模等からアセスを必須とする第一種事業か，さらに判断を加える必要のある第二種事業のいずれに該当するか，もしくはアセスを必要としない事業かの判定などを行う。目標設定の流れの中に位置づけた集団検診の段階は，精密検査が必要かどうかを判断するための，いわばスクリーニングの段階に相当すると考えられる。
>
> 　また，アセスのスコーピングという手続きは，調査・予測・評価の項目や手法などを決めるもので，これを公に示す（説明と同意を図る）ものが方法書である。この手続きによって，アセスの手法の公開と，事業の特性に対するアセスの手法の妥当性確保が行われる。目標設定の流れの中に位置づけた精密検査の段階でも，病気（環境悪化）の原因についての調査・分析や放置した場合の将来予測を行うが，そのための分析項目や予測項目を絞り込む（スコーピング）必要がある。また，目標を示す際には，どのような時空間的なスケール（長期～短期，流域～地先など）で行うかを決める必要があるが，これはアセスのスコーピングの段階で行う，事業の内容や環境の特性などに応じた項目や手法の重点化・簡略化に相当すると考えられる。

1.5 河川環境の目標設定において留意すべきこと

　河川環境の目標設定を行う際に留意すべきこととして，リファレンスの設定の重要性，河川環境の階層構造，河川環境に依存する生物のインパクトに対する許容度や応答のタイムラグなどがあげられる。また，住民との合意形成や現在の河川行政の進め方との整合性などについては，なお議論が尽くされておらず，今後の課題である。

（1）　リファレンスの設定の重要性

　集団検診や精密検査の段階で，現在の河川環境の質を把握・評価するためには，ある基準となる状態またはその状態にある特定の場所に，どれくらい近

いのかまたは離れているのかを示す必要がある。すなわち評価のための基準（ものさし）が必要である。

基準となる状態（ものさし）としては，人為的な影響をほとんど受けていない河川環境（元々地域に存在した原始状態に近い河川環境）を設定することが理想的である。しかし，そのような河川環境の想定やその状態に近い場所を探すことは難しいと考えられる。

もし，人為改変の程度の小さい河川環境(a)を設定することができれば，人為改変の進んだ河川環境(b)との関係から，内挿や外挿によって評価を行うことが可能となる。

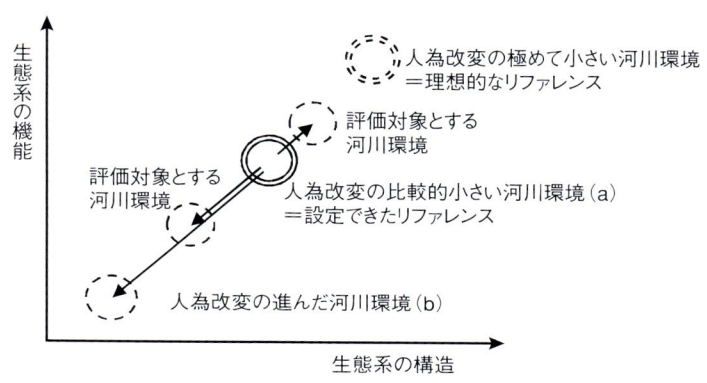

図-1.4　評価の基準（リファレンス）のイメージ

このようなものさし（基準）となりうる状態またはその状態にある場所をリファレンスと呼ぶこととする。リファレンスとなる場所の要件としては，評価したい場所と基本的な特性（気象，地質，地形，スケールなど）が類似していることが挙げられる。同じ水系内など地理的に近い河川では，リファレンスは比較的設定しやすいであろう。

(2)　河川環境の階層構造

河川環境は，その空間構造からみると階層構造になっていると理解することができる。例えば，底生動物など小動物が利用する空間と対応するのは，河床間隙などの微環境（マイクロハビタット）のスケールである。それぞれの微環境で生態的な機能や特性が異なる。もう少し大きな空間単位（スケール）では，微環境の集合体としての瀬・淵・水際などの構造を認識することができ

る（**図-1.5**。この図の原図ではハビタットスケールと示されているが，ハビタット（生息・生育場）は対象とする生物によってスケールが異なり紛らわしいので本書では「ユニットスケール」とした）。さらに，瀬・淵などは1つの蛇行区間にセットでみられることから，これを1つの空間単位（リーチ）としてとらえることができる。さらに個々のリーチの集まりとしてある特徴を持った空間単位（セグメント）の定義もある。さらにはそれをすべて含む一定の空間が流域（集水域）である。

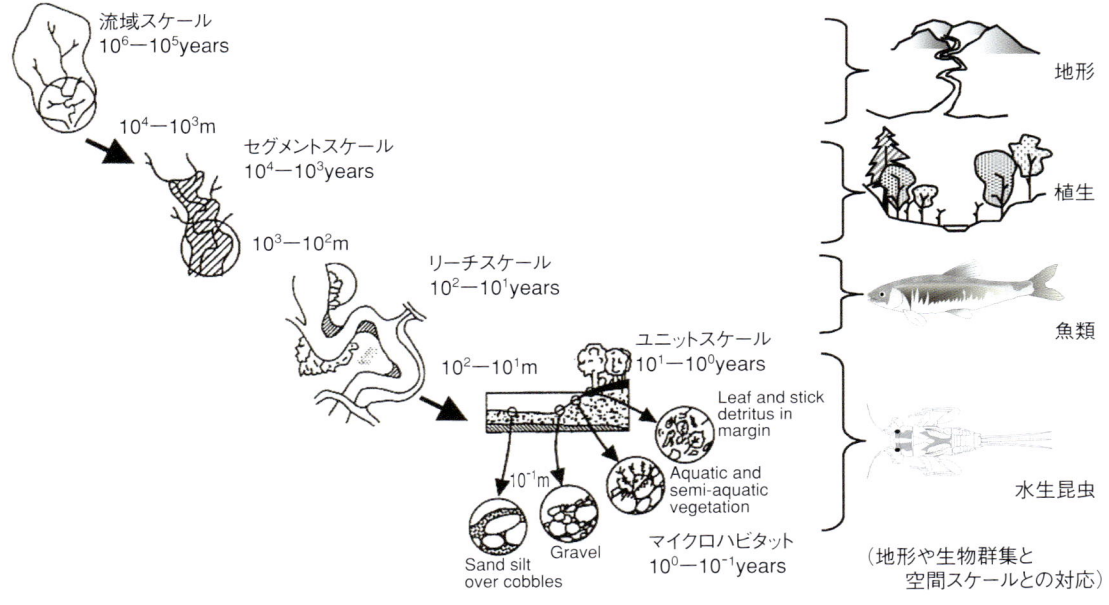

図-1.5 河川環境の階層的な捉え方（Frisellら，1986の原図をNaiman，1998が改良したものに加筆）

これを逆にみれば，流域の特性（気象，地形，地質など）によって，個々のセグメントの分布や特性が規定される。同様に各リーチの構造は，それが含まれるセグメントの特性によって異なる。このように，より小さな（局所的な）空間単位の特性は，大きな（広域的な）空間単位の特性に従う。例えば，広域の地質・植生や気候などの要素は，土砂の流出量などにより，あるリーチの河床材料などを左右し，河道の蛇行度は，ユニットスケールである水際形状や流れの複雑性に影響する（**図-1.6**）。

それぞれの空間単位（スケール）によって，その物理的な特性を示す指標はさまざまである。流域スケールでは，集水面積や標高，緯度，人口などが挙

げられる。セグメントスケールでは蛇行度や河床勾配が，リーチスケールでは瀬・淵などのユニットの数などが，ユニットスケールでは流速や河床材料が，微環境スケールでは礫の間隙量などが挙げられる。

また，生物と河川環境との関係では，底生動物のように主に微環境スケールからユニットスケールの空間の特性に応じて生息や分布状況が決まるものもあれば，回遊性の魚類のように，生活史において汽水域から上流まで複数のセグメントを利用し，かつ生活史の各段階で依存するユニットが変化するものもある。このような生物からみると，1つの河川の中に，さまざまな特性の異なる空間単位が存在することが必要となる。

前節で述べた，河川環境の目標設定の流れに沿って，保全や再生を進めていく場合には，このような空間（河川環境）の階層構造に着目して，いろいろ

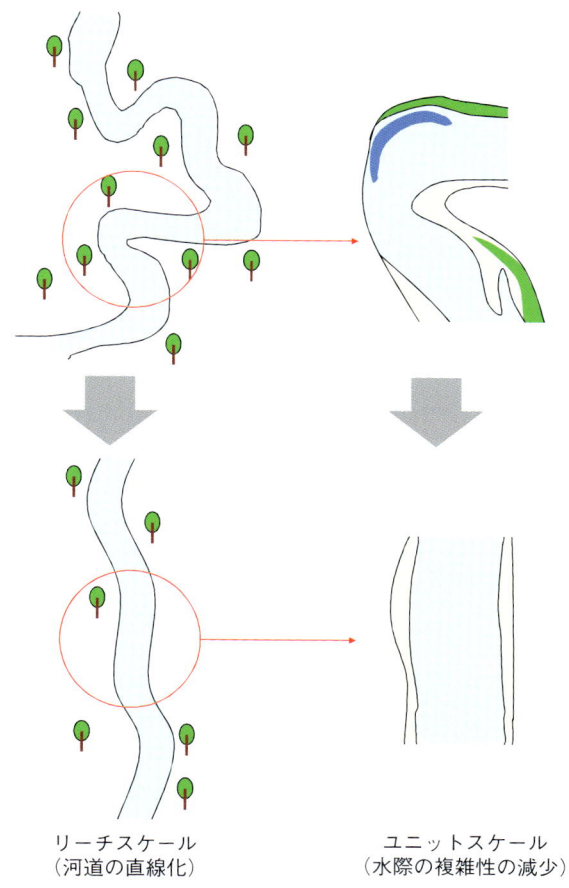

図-1.6　空間的階層の上位から下位への影響イメージ

な空間単位からその特性を表現する指標を選んでいくことが，現状把握や評価，将来予測を行う上で重要である．例えば集団検診の段階では，広く多くの河川，流域を評価対象とすることになり，それゆえ調査のコストを考慮すると，できるだけ簡便にデータが得られる項目を選ぶ必要がある．

　また，精密検査の段階では，問題の原因がどの空間単位の階層にあるのかなどの，問題発生の構造を的確に分析する必要がある．例えば，ある河川における魚類相の変化の原因が，地先の河川改修といったリーチスケールの階層における影響が原因なのか，負荷量の変化などの流域スケールの現象の影響なのか，気候変動のようなもっと広域的な変化の影響なのかなど，いろいろな可能性を考慮することが必要である．

　さらに，治療の段階では，実施する地先スケールの対策が，流域などより大きな空間単位の特性に合致するかどうか，注意を払うことも重要である．例えばある地先での魚類の産卵場を創出するというような対策を考えるとき，それが土砂流出量や流量変動などの流域特性と合わない場合は，効果が持続しないこともある．

(3)　生物の許容度や応答のタイムラグ

　自然(生物群集や生態系)は人為(環境改変や環境保全などの行為)の影響に対してただちに応答しないし，また反応が線形でない(直線的な変化でない)ことも多い．環境が徐々に悪化しても，ある程度の所までは耐久性が発揮されて変化が現れず，ある値を超えると大きく変化することがある．

　例えば，ある植生になわばりを持つ鳥類では，その植生の面積が一定の大きさを下回ると急に利用しなくなることがある．一方，時間の経過によって環境条件が変化したり，人為的に生息・生育場を復元したりして，そこがある種の生物の生息に適するようになったとする．しかし，他の生息地からの移動が制限されている場合や1回の産卵・産仔数が少ないなど世代交代に時間を要する種では，個体数の回復には長い期間を要することがある．また，環境の大きな変化がなくても，自然のゆらぎによって個体数が変動することがある．

　このように，自然(生物群集)の反応にはゆらぎや閾値，タイムラグ[9]がある．一方で，人為影響に対してある程度の許容度(頑強性：robust)があるともいえるが，このことは，生物についての指標(個体数など)が同じ値を示し

ていても，それが自然な状態なのか，閾値に近く危険な状態なのかがわかりにくいということを示している。生物データを扱う上での難しさの一つである。

したがって，河川環境の現状評価および目標設定を行う際には，生物には環境変化に対する許容度や閾値があること，応答のタイムラグがあること，生活史上の特性(個体の移動・分散や生物間相互作用)などを考慮しておく必要がある。とくに，フォローアップ(モニタリングによる保全・再生の効果の検証)の段階などで生物を対象とした調査を行う場合は，目標に達したかどうかの見極めを行う時期や指標とする項目[10]などを十分に検討する必要がある。

BOX 9　タイムラグの例

寿命(世代交代時間)が長く，成長初期に環境の変化への耐性が小さい種では，しばらくは親(齢級の高い個体)によって個体数が維持されていても，再生産が低下するため，あるときから個体数が急減することがある(**図-1.7**)。このようなケースでは，その種の個体数とともに，再生産の維持を目標とすることが必要である。

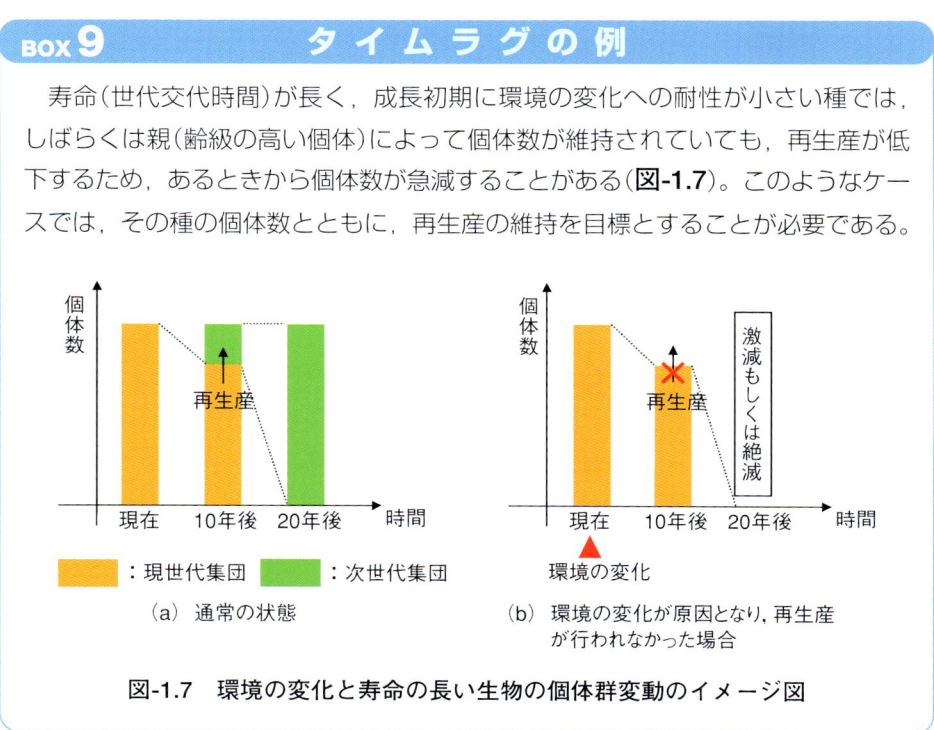

図-1.7　環境の変化と寿命の長い生物の個体群変動のイメージ図

BOX 10　生物のタイムラグを考慮した指標

世代交代時間が長い生物群では，物理環境の変化に応じた種類組成や個体数の変化がすぐには現れない。そこでモニタリングでは，世代交代時間が比較的短い生物群を指標としたり，群集を代表する種(注目すべき種)の行動(餌探しなど)や，再生産の状況(産卵数，実生の数など)を指標に選定することも考えられる。ただし，群集を代表する種の選定は，地域の状況や群集の特性だけでなく，調査方法

の難易度やコストなども考慮して行う必要があり，困難なケースも予想される。

　なお，生物が種やその生活史のさまざまな段階において，どのような環境の変化の影響をより受けやすいかを考えておくことも，より適切な指標を選ぶ際に重要である。例えば，移動性の大きい種であれば，生息場所の変化よりも，移動を阻害することによる影響がより出やすい場合がある。成体の環境適応性が高いものの，卵や幼生の段階で特殊な環境を必要とするような種の場合，その特殊な（面積的に希少な）環境の消失は，個体群の存続を左右する。このような知見をまとめておくことも重要である。

（4）　住民意見・合意形成

　実際の河川管理の現場においては，環境の目標と治水や利水の目標との間にあるトレードオフの関係を調整しなくてはならない場合がある。しかし，環境は得られる便益を経済的に評価しにくいこともあり，住民意見を聴取・収集して合意形成を図ることによって目標設定を進めることになる。つまり環境の目標は科学的な見地のみで決定されるのではなく，科学的に妥当ないくつかの案の中から住民の合意を経て決定されるものといえるかもしれない。

　本書では，科学的な見地から妥当な河川環境の目標設定の方法を提案することを主目的としており，住民意見の聴取や合意形成の具体的な内容などには触れないが，合意形成の重要性とともに，合意形成を図りやすい目標の提案（科学的な根拠があること，数値などによるわかりやすい表現手法を用いること，目標達成のための複数の方策の提示，予測の不確実性を述べておくことなど）の重要性を指摘しておきたい。

（5）　現在の河川行政との関係

　ここでは，人の健康診断になぞらえて示した河川環境の目標設定の流れを，実際の河川行政の流れと対応させて整理してみた（図-1.8）。

　集団検診によって得られた結果は，潜在的な自然状態が残されている場所，そうでない場所などを客観的に示すものである。また，地域や全国的なバランスを考慮する上での資料にもなる。こうしたことから，河川の計画において長期的な方針（河川整備基本方針）を立てる際に活用することができよう。

　また，現状の評価は，河川空間をゾーニングして機能空間に区分する際に，

区分の科学的な根拠を提供するものと考えられる。例えば，おおむね潜在的な状態で自然が残されている区域では人の利用を回避して自然状態を保全することを基本とし，そうでない場所ではある程度の利用を許容する区域とする等が考えられる。

　このほか，精密検査の段階は具体的な整備の計画（河川整備計画）を検討する際に，治療や経過観察というプロセスは実際の工事や日常の管理を行う際に取り入れることができる。このように対応させると，本章で述べたことを行政と関連づけて理解することができるが，具体的なそれぞれの課題に応じてこのほかにもさまざまな活用法が考えられよう。

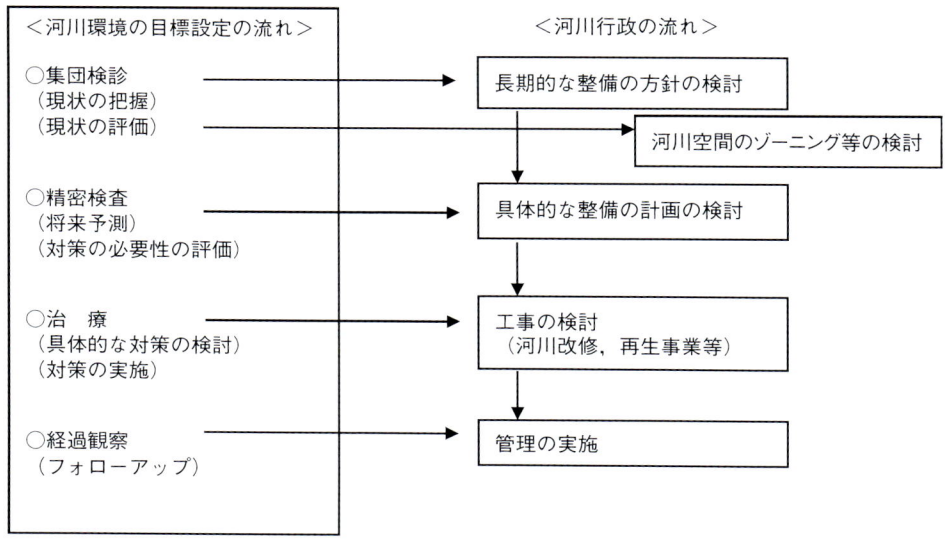

図-1.8　河川環境の目標設定の流れと河川行政の流れの対比

第2章

河川環境の目標設定の流れ

河川環境の目標設定の流れは，前章1.4節のように人の健康診断になぞらえて整理することができる（**表-2.1**）。ここで集団検診はいわばスクリーニングの段階であり，限られた情報のなかで，おおまかに現状を把握することに主眼がおかれ，その過程をさらに「現状の把握」と「現状の評価」に分けることができる。精密検査は，集団検診で発見された問題箇所をより具体的に精密に調査し，「原因解明」することを意味し，「将来予測」をすると同時に「保全や再生の必要性の検討」も行うことになる。河川環境の劣化要因が精密検査によって特定できた段階で，治療方法を検討することになる。治療は「具体的な対策の検討」と「対策の実施」の2段階に分けて整理した。流れを明示するためにそれぞれ2段階に分けることを試みたが，実際の河川においては，一体的にまた同時並行的に検討される場合もあると考えられる。

一般的に河川環境の目標は，これらの一つ一つの段階で，河川管理者，住民などステークホルダー，学識経験者などが協議し，合意形成しつつ決定されるものと考えられる。また，目標は集団検診から精密検査の段階では定性的な表現（ビジョンやイメージ）で示されることも多いと考えられるが，治療の段階では実施する対策やそれによって期待できる効果，予想したとおりに推移しなかった場合の対処などを念頭に置き，できるだけ定量的に示されることが望ましい。

2.1節以降では，各段階ごとの流れを示す。

2.1 集団検診（「現状の把握」，「現状の評価」）の段階

この段階では，まず物理環境や生物などについてのさまざまな調査によって河川環境の「現状を把握」するためのデータを収集する。集団検診では，広域の河川環境または複数河川の包括的な概要把握を目的としているため，調査方法に一定の精度を求めることは必要であるが，次に実施する精密検査レベルの詳細な調査に陥らないように配慮すべきである。そのため，水辺の国勢調査や空中写真，調査資料など，既存のデータを最大限利用することも重要である。また，評価にあたって重要なのが「リファレンス[11]」の設定である。リファレンスとは，前述のように現在の状態を評価するために置く基準であ

り，理想的には人為的な影響をほとんど受けていない河川環境，元々地域に存在した原始状態に近い河川環境が望ましい。しかし，実際にはそのような場所はほとんど存在しないこともあり，人為的な影響が比較的小さい河川環境をリファレンスとすることが現実的である。一方，目標は，社会的・経済的状況，実現可能性を勘案し，地域の合意に基づいて，潜在的な状態と現状との間に置かれるのが一般的であろう。したがって，リファレンスの状態が必ずしも河川環境の目標にはならないが，リファレンスを目標にしてしまうことで，その後の合意形成や実際の対策（治療）がやりやすくなる場合もあると考えられる。

リファレンスを設定することで，そこからの乖離の程度によって「現状の評価」を行うことができる。**図-2.1**は現状の把握と評価の流れについて，内容のイメージを示したものである。ここで，乖離の程度をいくつかに区切ってランク付けすることにより評価すれば，おおまかに河川環境の現状を色分けして表示することができる（**図-2.4**）。

データを集める場合は，川の特性をよく表し，河川環境の指標となる可能性があるものを選定する。物理環境では，流量や土砂などの変動（ダイナミズ

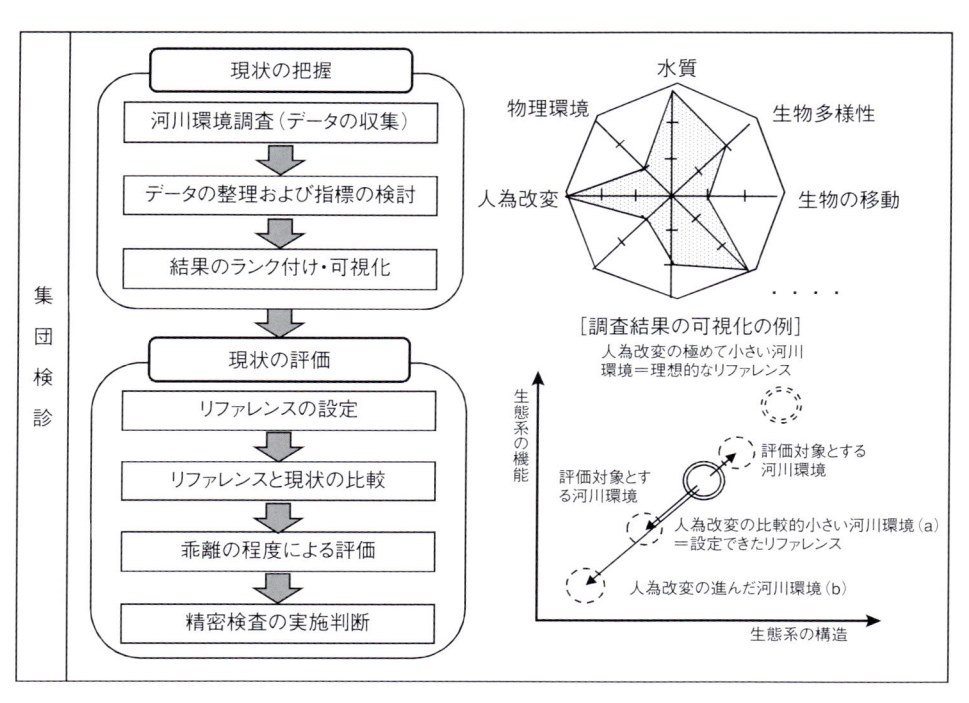

図-2.1　現状の把握・評価の流れとそのイメージ

第2章 河川環境の目標設定の流れ

表-2.1 河川環境の目標設定の流れ

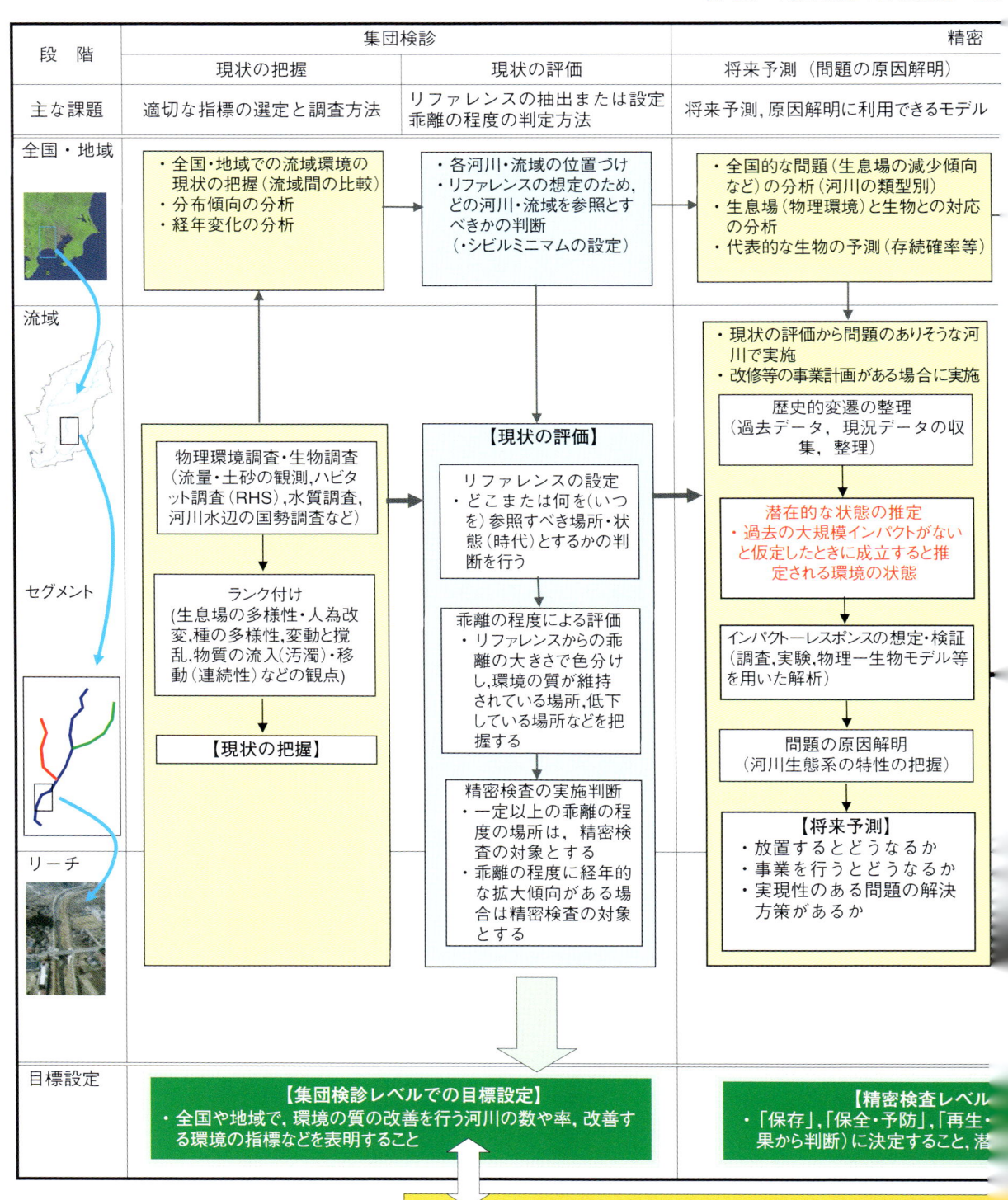

段階	集団検診			精密
	現状の把握	現状の評価	将来予測（問題の原因解明）	
主な課題	適切な指標の選定と調査方法	リファレンスの抽出または設定 乖離の程度の判定方法	将来予測, 原因解明に利用できるモデル	

全国・地域
- 全国・地域での流域環境の現状の把握（流域間の比較）
- 分布傾向の分析
- 経年変化の分析

→
- 各河川・流域の位置づけ
- リファレンスの想定のため, どの河川・流域を参照とすべきかの判断
  （・シビルミニマムの設定）

→
- 全国的な問題（生息場の減少傾向など）の分析（河川の類型別）
- 生息場（物理環境）と生物との対応の分析
- 代表的な生物の予測（存続確率等）

流域

- 現状の評価から問題のありそうな河川で実施
- 改修等の事業計画がある場合に実施

歴史的変遷の整理
（過去データ, 現況データの収集, 整理）

↓

潜在的な状態の推定
・過去の大規模インパクトがないと仮定したときに成立すると推定される環境の状態

↓

インパクト－レスポンスの想定・検証
（調査, 実験, 物理－生物モデル等を用いた解析）

↓

問題の原因解明
（河川生態系の特性の把握）

↓

【将来予測】
- 放置するとどうなるか
- 事業を行うとどうなるか
- 実現性のある問題の解決方策があるか

セグメント

物理環境調査・生物調査
（流量・土砂の観測, ハビタット調査（RHS）, 水質調査, 河川水辺の国勢調査など）

↓

ランク付け
(生息場の多様性・人為改変, 種の多様性, 変動と撹乱, 物質の流入（汚濁）・移動（連続性）などの観点)

↓

【現状の把握】

リーチ

【現状の評価】

リファレンスの設定
・どこまたは何を（いつを）参照すべき場所・状態（時代）とするかの判断を行う

↓

乖離の程度による評価
・リファレンスからの乖離の大きさで色分けし, 環境の質が維持されている場所, 低下している場所などを把握する

↓

精密検査の実施判断
・一定以上の乖離の程度の場所は, 精密検査の対象とする
・乖離の程度に経年的な拡大傾向がある場合は精密検査の対象とする

目標設定

【集団検診レベルでの目標設定】
・全国や地域で, 環境の質の改善を行う河川の数や率, 改善する環境の指標などを表明すること

【精密検査レベル
・「保存」,「保全・予防」,「再生・果から判断）に決定すること, 潜

24

2.1 集団検診(「現状の把握」,「現状の評価」)の段階

集団検診からフォローアップまで)(案)

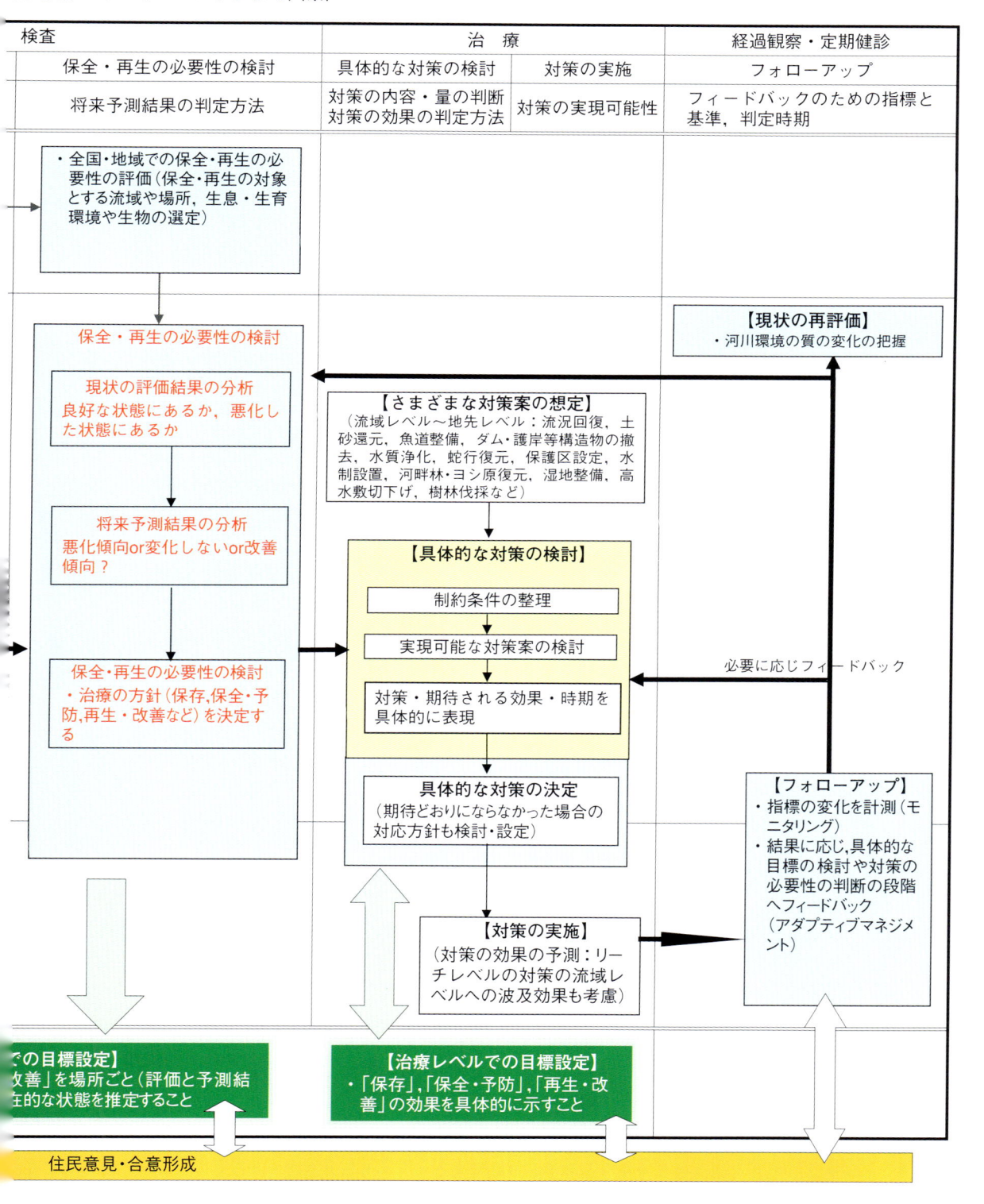

検査	治療		経過観察・定期健診
保全・再生の必要性の検討	具体的な対策の検討	対策の実施	フォローアップ
将来予測結果の判定方法	対策の内容・量の判断 対策の効果の判定方法	対策の実現可能性	フィードバックのための指標と基準,判定時期

- 全国・地域での保全・再生の必要性の評価(保全・再生の対象とする流域や場所,生息・生育環境や生物の選定)

保全・再生の必要性の検討

現状の評価結果の分析
良好な状態にあるか,悪化した状態にあるか
↓
将来予測結果の分析
悪化傾向or変化しないor改善傾向?
↓
保全・再生の必要性の検討
・治療の方針(保存,保全・予防,再生・改善など)を決定する

【さまざまな対策案の想定】
(流域レベル～地先レベル:流況回復,土砂還元,魚道整備,ダム・護岸等構造物の撤去,水質浄化,蛇行復元,保護区設定,水制設置,河畔林・ヨシ原復元,湿地整備,高水敷切下げ,樹林伐採など)

【具体的な対策の検討】
- 制約条件の整理
- 実現可能な対策案の検討
- 対策・期待される効果・時期を具体的に表現

具体的な対策の決定
(期待どおりにならなかった場合の対応方針も検討・設定)

【対策の実施】
(対策の効果の予測:リーチレベルの対策の流域レベルへの波及効果も考慮)

【現状の再評価】
・河川環境の質の変化の把握

必要に応じフィードバック

【フォローアップ】
・指標の変化を計測(モニタリング)
・結果に応じ,具体的な目標の検討や対策の必要性の判断の段階へフィードバック(アダプティブマネジメント)

【～での目標設定】
「改善」を場所ごと(評価と予測結～的な状態を推定すること

【治療レベルでの目標設定】
・「保存」,「保全・予防」,「再生・改善」の効果を具体的に示すこと

住民意見・合意形成

第2章 河川環境の目標設定の流れ

ム)にかかわるもの，現状の生物の生息・生育場(地形や植生，流れの状態)のデータ，水質，生物・土砂の移動可能性，および生物の生息・生育情報，また，人為的な影響の程度を示すもの(護岸などの設置状況)などである。

リファレンスを設定するひとつの方法として，評価したい場所と同様な地理条件(気象，地質，地形など)を持ち，水質汚濁や改修などの人為影響のできるだけ小さい場所を選ぶことが挙げられる。しかし，日本では人為影響が小さい場所は，とくに中・下流域ではほとんど残されておらず，そのような場所を選ぶのは容易なことではない。そこで，比較可能な場所からひとまず最も人為影響の少ない場所を選ぶ(図-2.2①，②)，人為影響の少なかった過去の状態を航空写真や漁獲量，負荷量などから推定する(図-2.2③)，水文地形学的な知見や河川連続体仮説(BOX16参照)などから仮想的に基準にできる状態を設定する(図-2.2④)ことなどが考えられる。ある生物種の生息を支える諸条件が揃っているという状態も，リファレンスにできる可能性がある。

なお，諸外国の評価手法では，場に注目し，基本的な地理条件(地形・地質，流程，気象条件，その他)が共通する地域ごとにリファレンスサイトを設定しているものがある。オーストラリアではリファレンスサイトとして多くの場所が指定されており，継続的にモニタリングが行われている。

人間の健康診断の場合は，体の概況をいろいろな数値で知ることで，標準

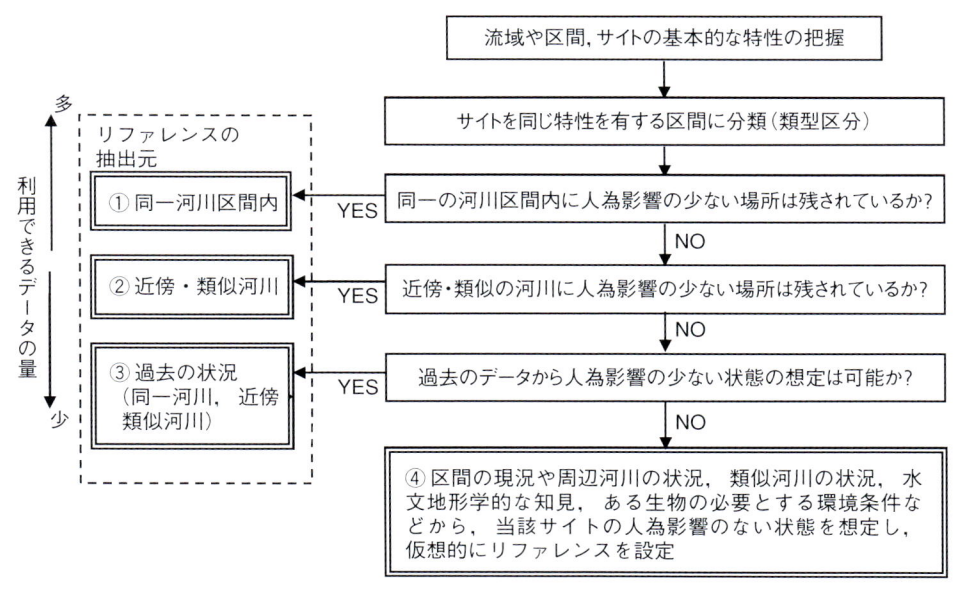

図-2.2 リファレンスの抽出の流れ

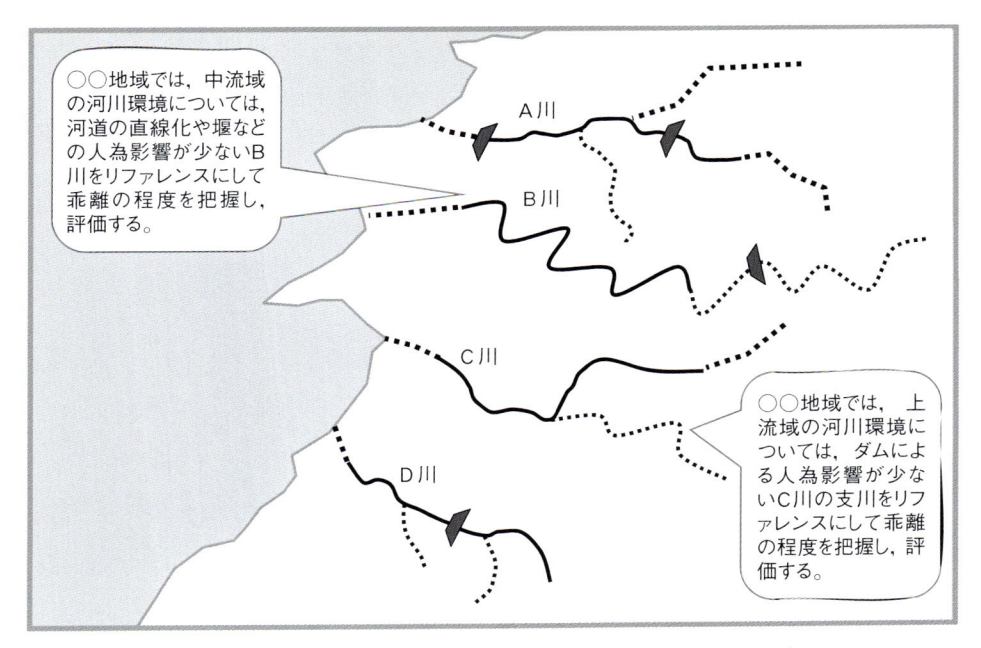

図-2.3 現存する河川からのリファレンスの抽出イメージ

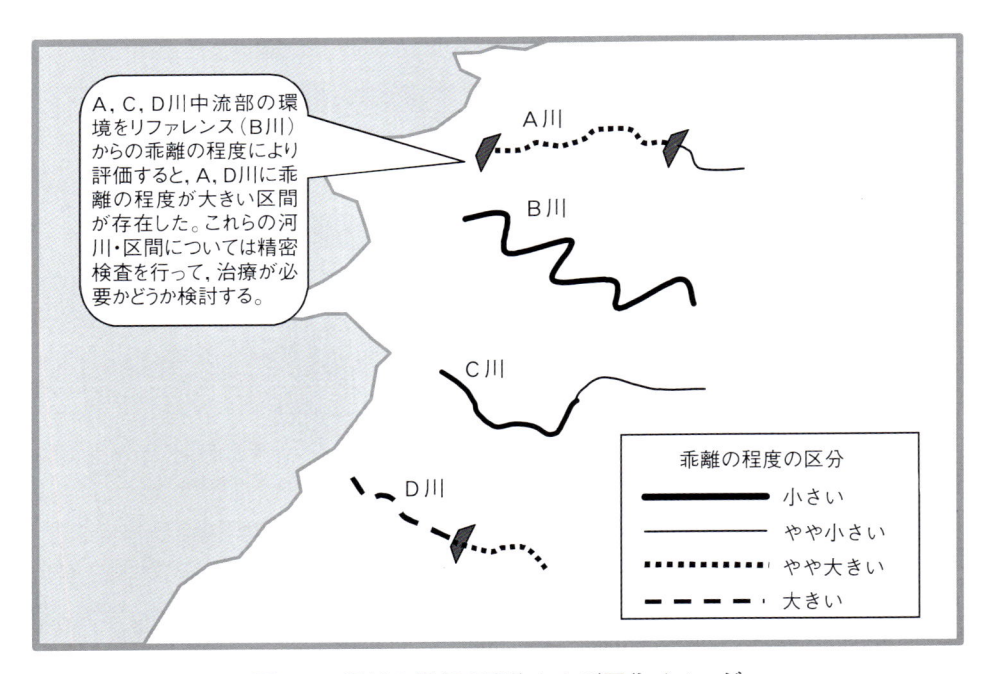

図-2.4 現状の評価の実施および図化イメージ

的な状態，健康な状態との差や以前からの変化を知ることができる。一般に，標準的な状態は，多くの人のデータを集めることで，ある幅を持った数値で

示される。人間では，それから外れた時に病気になりやすいとか，著しく外れた場合はある病気の症状が現れるというような傾向が把握されている。そのため，何か異常な傾向を示唆するような診断結果が得られた場合は，今後どうなるかを詳しく検査する必要性が生じる。

河川においても，いろいろな測定値から現状を把握し，それらを用いてリファレンスとの乖離度を評価したり，いくつかの個別の測定値に着目することで，「精密検査」の必要性を判断(精密検査が必要な河川や区間を選ぶ)することができる。しかし，そのためには，多くの河川で「集団検診」を実施し，データの蓄積と，その体系的な整理(類型区分など)が必要であろう。

しかし，今のところ乖離の程度から精密検査の必要性を効率的に判断する全国や地域に共通の基準[12]はない。集団検診の段階で河川区間(リーチ)単位での乖離の程度をいくつかの段階に区分し，乖離の程度が大きいと評価された区間が多い河川は，次の段階である精密検査に進むことが考えられる。この場合乖離の程度の段階区分や，区間数の基準などについては，全国の河川の現況を吟味し，判断する必要性がある。

さて，上記のような考え方で実際に現状の把握・評価を行おうとした場合，現在の知見・技術レベル，情報量では，科学的な妥当性を保証する評価手法および評価結果を得ることは難しく，評価は一義的に決まるものとはなっていない。そのため，各現場で工夫しながら，次章に示すようないくつかの手法を適用されることが望まれる。

河川環境の集団検診は人の健康診断と同様に定期的に行われるべきである。それによって地域や全国の河川環境が全体としてどのように推移しつつあるのかを把握した上で，政策的な対応を決定する必要がある。当面精密検査が必要でない河川においても，環境悪化(病気)の早期発見と処置を行う上で定期的な検診(モニタリング)は重要である。

BOX 11　精密検査を実施するか否かの判断

現状の評価結果で精密検査の実施を判断する情報として，地域，全国での現状の把握段階で得られたデータや，評価結果をGISデータベースにしたものが利用できる。例えば，乖離の程度が大きい区間の割合が全国平均以上である河川は，すべて精密検査の対象とするなど，現状の河川環境の状態を，地図上に図示することも可能となる。また，このようなデータベースができれば，以下のようなこ

2.1 集団検診(「現状の把握」,「現状の評価」)の段階

とも可能となると考えられる。

- 物理環境の特徴や人為影響のデータから,効率よく類似の河川やリファレンスを探し出す
- 地域や全国での診断結果の分布をみて,行政的な施策立案の参考とする(**図-2.5**)

多摩川の礫河原再生の取り組みでは,全国的な樹林化の傾向に関する研究に基づいた検討も行われており,このような傾向を読み取るのにデータベースは有効である。

物理環境データと対応した生物データが蓄積され,それらの変化などの情報をデータベースに体系化できれば,将来的には HEP のようなモデルの構築につながる可能性がある。さらには,精密検査の段階での予測(対策を実施後の効果も含む)精度の向上や,個別河川での調査の簡略化(物理環境から生物の生息・生育状況をある程度把握できる),代表的な生物についての地域における生息・生育の動向の予測,それに基づく地域全体での保全対策の必要性の判断,具体的な生息・生育場の復元などの施策の立案などが期待できる。

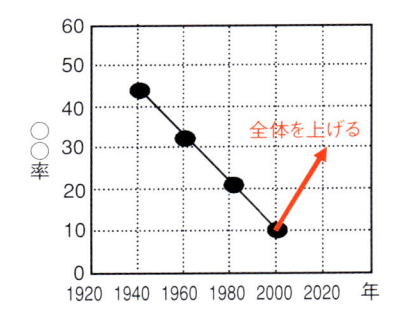

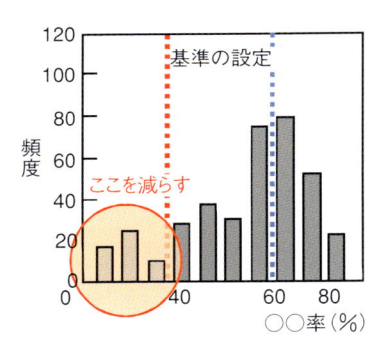

図-2.5 全国・地域のデータベースの活用イメージ(行政的な施策の立案)

なお,レッドデータブックに掲載された動植物は,歴史性(進化)・固有性や保護の緊急性の観点などから,全国や地域における評価を受けた指標と考えることができるため,河川環境の保全や再生の際の活用方法をさらに検討する必要がある。例えば,多摩川での自然再生事業では,生育するカワラノギクが絶滅危惧種であったことから,関東の河川における分布状況が調べられ,広域的な現状認識に基づいてカワラノギクの保全の必要性が検討されている。

一方,すべてのレッドデータブック掲載種について,生息地を保全・復元を目指すのは困難なことから,個別の河川および地域の状況,絶滅の危険性のランクに応じて検討の優先度(場合によっては保全・復元をあきらめるケースもある)を決める必要があろう。

第2章 河川環境の目標設定の流れ

2.2 精密検査(「将来予測」,「保全・再生の必要性の検討」)の段階

　この段階では,河川環境の劣化を引き起こす原因を解明し,このまま放置するとどうなるかなどの将来予測を行う(図-2.6)。このためには過去に加えられたインパクトに対する川の応答特性を知るために,歴史的な変遷を整理したり,モデルを用いて解析すること(インパクト－レスポンスの想定・検証)が必要である。例えば,砂利採取のようなインパクトが河原の減少などの変化の原因となっているかどうかを検証したり(鬼怒川や筑後川で実施されている),何も手を打たないで自然に回復を待つと,河原の再生にはどれくらいの時間を要するかを見積もる(多摩川で実施されている)ようなことである。

　この考え方は,新たな改修事業などを行う場合の環境変化の将来予測を行うのにも有効であるが,自然再生の優先順位を決める際にも重要である。つまり,放置して急激に河川環境が劣化する場合,リスク管理の視点から早急に対策を施さなければならないが,放置しても変化しない場合(たとえ劣化し

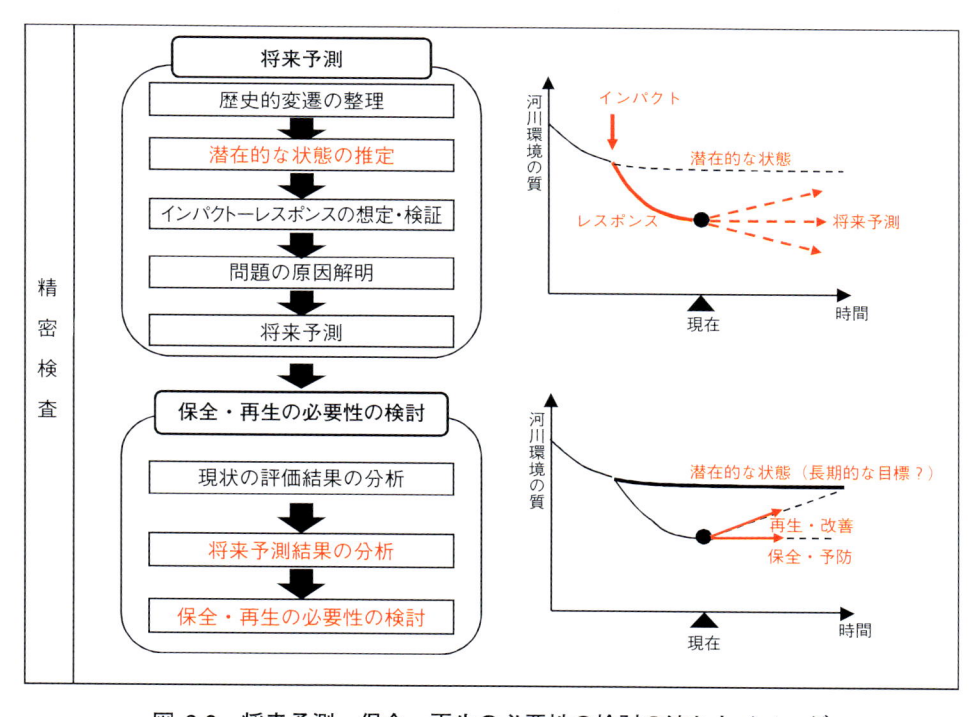

図-2.6　将来予測,保全・再生の必要性の検討の流れとイメージ

ていも）優先順位は低いと考えられる。

　この過程で過去の主要なインパクトを明らかにし，それがなかった場合に存在すると考えられる状態，すなわち潜在的な状態の推定も行う。潜在的な状態は，近い将来にはなかなか実現は難しいとしても，地域で共有する長期的な目標になりうる。この潜在的な状態に近づけるにはどのような対策が必要か，対策の実施によって潜在的な状態に近づけることができるかなどを検討する。

　治療の段階に進むには，現状の評価および将来予測の結果から何らかの対策（保全，再生など）が必要かどうかを判断しなければならない。例えば，

① 河川環境の質の低下が顕著でない場所のうち，将来も維持されるとの見通しがある場合は保存する
② 河川環境の質の低下するおそれがある場合は予防・保全する
③ 河川環境の質がすでに顕著に低下した場所のうち，回復の見通しがある場合には様子をみるが，放置すると改善しない，あるいはさらに低下するおそれがある場合には再生・改善する

というようなことである（**表-2.2**）。また，主に技術的な観点から，問題解決できる方策があるか無いかについても検討する。

　どの程度の対策を行うかや達成目標は次の治療段階で明らかにする。例えば横断構造物によって上下流の生物や土砂の移動が分断されているような場合には，精密検査の段階では「改善する」という方向性は決めるが，「どれくら

表-2.2　保全・再生の必要性の検討イメージ

現状の環境の質	将来の変化予測		保全・再生の必要性	治療方針
高い	↑	改善	保存	良好な環境を保護する
	→	変化なし	保存	良好な環境を保護する
	↓	悪化	保全・予防	環境を保全しつつ悪化に対する予防措置が必要
低い	↑	改善	保全	環境の改善傾向を妨げない
	→	変化なし	再生・改善	再生・改善が必要
	↓	悪化	再生・改善	再生・改善が必要

＊1　この表では「保存」という用語を用いたが，我が国にはものさし（リファレンス）となりうる区間や潜在的な状態に近い（再生の手本となりうる）区間がほとんど残されていないため，もしそのような区間があれば，保護区として維持していくことも必要であると考えられる。
＊2　治水や利用のための改変の計画がある場合には，できるだけ乖離の程度が大きい場所で実施し，他の場所では保全を優先させる考え方もある。

いの範囲で連続性を回復するのか」などは治療の段階で決める。

このように，何らかの対策（保存，保全，再生）が必要かどうかを判断し，実施の決断を行うことがこの段階での目標設定に相当する。目標は「問題のある場所については再生（対策）を行い，それ以外の場所は保全する」というように定性的に示すことになると考えられ，治療段階での具体的な対策を検証するための指針となる。なお，「問題のある場所」は，例えば「潜在的な状態との乖離の程度が大きい区間」などとすることができるが，現時点では乖離の程度は相対的な評価であり，全国的な評価基準や評価方法が今後の研究課題である。

2.3 治療（「具体的な対策の検討」，「対策の実施」）の段階

この段階では，社会・経済的な面も考慮して制約条件を整理し，実現可能である具体的な対策（内容，実施場所など）を決定して実施する。例えば，氾濫原を再生することによって，ある生物の生息場を，何ヘクタール確保する，というような具体的な内容を決定することである（**図-2.7**）。それによって期待できる効果，すなわち想定される変化を予測することが，この段階では求

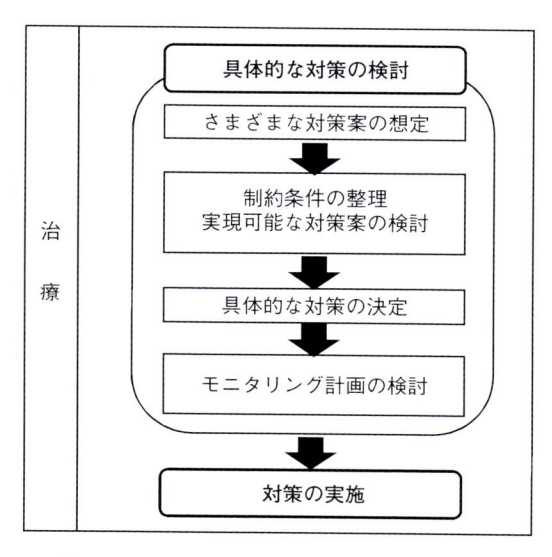

図-2.7　具体的な対策の検討・実施の流れ

2.3 治療（「具体的な対策の検討」、「対策の実施」）の段階

められる。対策の内容によっては，別の好ましくない環境影響が生じる場合も考えられることから，対策を実施することによる環境への影響予測も実施する。

これらの予測結果には，必ず不確実性が含まれていると考えるべきである。そこで，この段階においては，順応的管理の考え方に基づき，予測結果と異なる結果が生じた場合には，どのような対処方針を取るかをあらかじめ決めて，モニタリング計画を策定しておくことが望ましい。

社会・経済的な面を考慮して制約条件を整理し，実現可能な具体的な対策の内容，場所などを示すこと（例：河川の蛇行化を実現して，生物 A の生息場を X ヘクタール確保するなど），それによって期待できる効果（生物 A が個体群として維持できるなど）とその実現時期を示すことが，この段階での目標設定であると考えられる。目標は，できるかぎり事業実施量（アウトプット指標）や効果（アウトカム指標）に関する具体的な項目・数値で示されることが望ましいが，内容によっては定性的記述にとどめざるを得ないこともあるだろう。

モニタリング計画を検討し，これに順応的管理によって対策の内容を見直すことなどを織り込む場合には，「許容される可逆的な変動幅」を設定し，手直しを行う際のフィードバック基準とすることが考えられる。図-2.8 は，事業（施工）実施後の環境の変化とモニタリングの実施時期，手直しなどのイメー

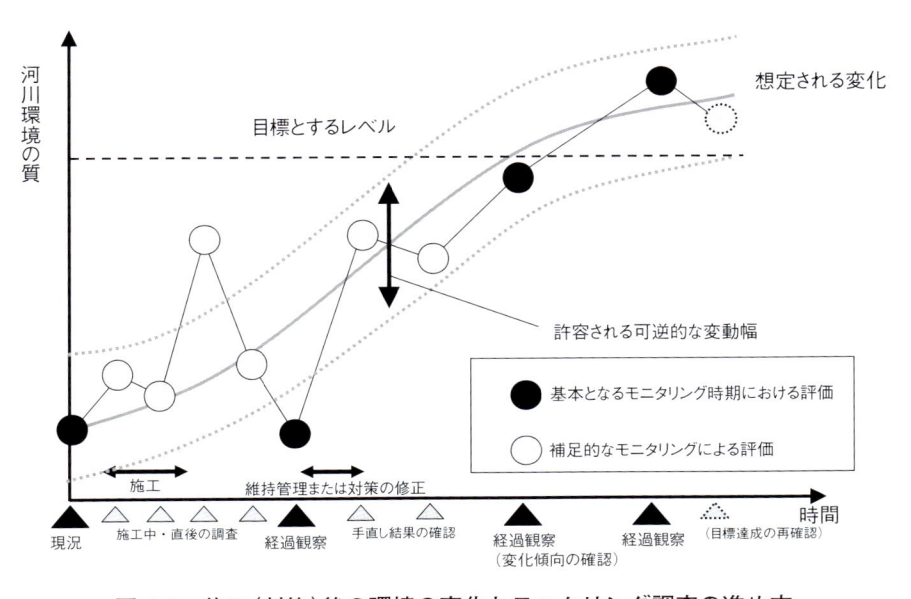

図-2.8　施工（対策）後の環境の変化とモニタリング調査の進め方

ジを図示したものである。経過観察▲とは河川水辺の国勢調査のように定期的に実施されるもの，それ以外の△は，工事や手直しの実施直後にあたり，変化の監視をやや密に行うものとした。最初の経過観察時点では，許容される変動幅を逸脱していたので，手直しの策を実施したというシナリオを表現している。現在のところ，この変動幅を客観的に決定する方法はないが(30～40％などの暫定的な目安をつくってもよいが根拠に乏しい)，対策の実施(施工)以前に一定期間のモニタリング結果があれば，その変動幅を適用できるかも知れない。

2.4 経過観察(「フォローアップ」)の段階

対策を実施したら，必ずフォローアップで経過の観察を行う。また，その結果を保全・再生の必要性評価や具体的な対策の検討にフィードバックさせることで順応的に対策を実施していくとともに，現状の再評価を継続的に行うことが重要である(図-2.9)。このフィードバックの際の対処方法(予測とは異なる方向に推移した場合など)については，問題発生の原因を再度吟味し，基本的には「具体的な対策の検討」，「対策の実施」の段階で決めておいた方針に従う。

自然再生事業を初めとする環境対策事業は，河川環境の質や機能を向上させるために行うものである。前述したように，とくに河川環境は洪水による撹乱のもとに成立し，維持されている環境である。このため，施工の完了が

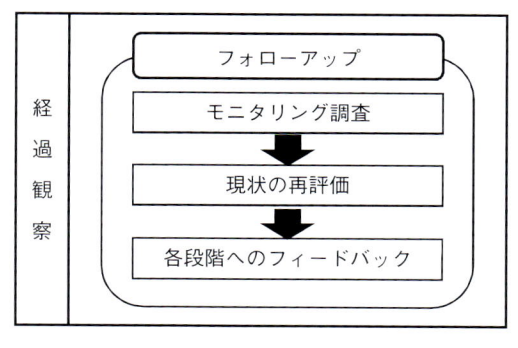

図-2.9　フォローアップの流れ

2.4 経過観察(「フォローアップ」)の段階

対策の完了ではなく，施工により川に与えたインパクトに対し，計画通りに川が川自身の営力により自然環境を造り出し，目標に近づいているかどうかという視点に立った長期的な検証が必要となってくる。

フォローアップの段階で行うモニタリング調査では，対策(事業や維持管理)を行った後の環境の推移を定期的に把握することにより，当初の予測どおりに環境が推移しているかをチェックする(実施した対策の効果を評価する)。また，予測において想定していなかった変化(生態系の持つ複雑さによる予測の困難さ，洪水などの予測できないイベントの影響などによる)があった場合は，手直しや維持管理が必要かどうかの判断をする(思わぬ悪影響を生じていないか確認し，自然環境の有する不確実性に対応する)ために実施する。

モニタリング調査の対象とする項目・現象は，どのような評価軸すなわち指標を設定するかに左右されるが，項目や現象の特性(変化する速さなど)に応じて，調査を行う時期，頻度，場所，方法，期間などが決まる。生物や生物現象(行動など)を対象にする場合は，生物や群集が定着して繁殖するためには時間がかかることが多い。とくに，移動性の低い生物相の回復には時間がかかると考えられ，事業実施とのタイムラグを考慮する必要がある。また，集団検診で用いたような乖離の程度による再評価を定期的に行えば，住民等へ対策の効果をわかりやすく説明できる。1つの事業のフォローアップとして，また，集団検診の定期的な実施としても行っていくべきであろう。

モニタリング調査の結果から保全・再生の程度を監視し，必要に応じて具体的な対策を再検討(フィードバック)し，手直し(維持管理または対策の修正)によって修復をはかる(**図-2.8**)順応的管理の考え方を，事業の実施デザインの中に最初から組み込んでおく必要がある。モニタリング指標と，指標がどんな値になればフィードバック(どのような対処をするか)を検討するかということは，あらかじめ「治療」の段階で決めておくのが望ましい。ただし，このような判断を行う時期を一律に決めることは難しく，対象とする河川の変動の特徴，過去からの場の変化の速さ，指標生物を用いる場合はその生活サイクルなどを総合的に考慮して個別に決める必要がある。

また，前項でも述べたように，「許容される可逆的な変動幅」の設定も課題である。環境条件に手を加えた場合，実施当初に大きな変動がみられても，長期的にはあまり問題にならないこともありうる。そこで，モニタリング計画の立案時や，環境変化を予測する際に，このような初期の変動幅などもあ

第2章 河川環境の目標設定の流れ

る程度想定しておくことが望ましい。

　自然再生を目的とした施工など，これまで実施された例が少ないものについては，河川生態系の応答がほとんど予測できずリスクが高くなる可能性もある。このような不確実性が高い場合，人為的な操作（対策）を一度に行わず，段階的に実施して反応をみながら進めていくことも必要となる。

BOX 12　アダプティブマネジメント（順応的管理）

　自然生態系の応答の不確実性を前提として，事業の計画を仮説の設定，事業や保全対策の実施を実験として位置づけ，モニタリング調査によって自然の応答を見ながら，管理方策を変えていくという考え方をアダプティブマネジメント（順応的管理）という。この考え方が日本に紹介され広く知られるようになったのはここ10年ほどのことである。

　国内では明確にアダプティブマネジメントの考え方を採用し，事業やモニタリング調査を行っている事例はあまり知られていないが，森林や河川環境など日常的な管理の対象となっている自然環境は，従来からある程度順応的に管理が行われていたとみることができる。また，自然再生事業だけでなく，治水事業なども自然環境への影響の側面からはアダプティブマネジメントの対象（インパクトを与える実験としてとらえる）と考えることができる。しかし，どのような基準をもって管理方策の変更へフィードバックをするのか，それとも放置して良いのかといった，基準や目安，適切な指標の整備は十分ではない（目標設定ができていない）。このため，個別河川である程度の大胆さをもっていろいろな方法を試行し，検討を積み重ねて行く必要がある。

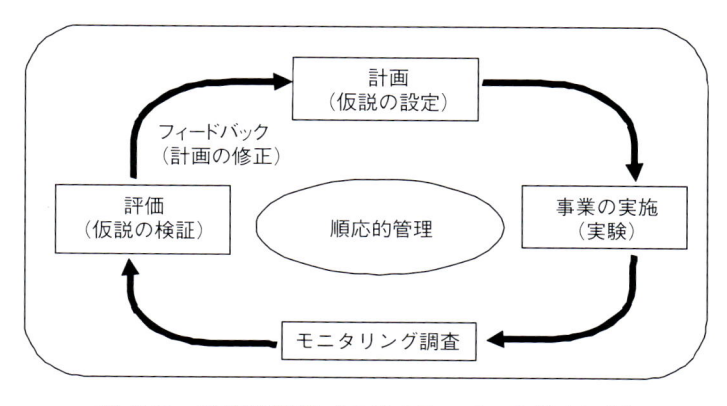

図-2.10　順応的管理（アダプティブマネジメント）

第3章

集団検診（現状の把握と評価）の方法

河川環境の目標を設定する際には，まず現在の河川環境の質（現状）を把握し，評価することが必要である。相対的な評価ができれば，どの河川から，あるいは河川のどこから保全や再生を行うべきかの判断材料となる。また，絶対的な評価ができれば，評価の値をどの程度向上させるかなどの判断材料とすることが期待できる。集団検診は，このようなことを目的に流域や地域の河川環境の現状を広く把握するために行う。

河川環境の把握と評価のためには，① 調査，② 指標による分析，③ 分析結果の評価という手順をとる。評価方法の考え方としては，いくつかの指標に重み付けを行って1つの評価の値を求める方法や，評価対象となる場所の状態をリファレンスと比較し，どの程度差があるのかという乖離の程度で相対的に評価する方法などがある。

しかし，これらの基本となる調査・評価の方法についてはまだ定められたものがなく，調査手法や指標の内容，重み付けやリファレンスの設定方法，乖離の程度を求めるためのデータ処理方法など検討すべき課題は多い。課題は残るものの，現実の河川環境管理の向上のために，既存の調査結果を活用しながら，海外で行われている方法などを参考に，実際に行ってみることが重要である。

日本では，河川水辺の国勢調査などのさまざまな調査が実施されているものの，これらの調査結果を用いて，全国・地域あるいは流域レベルでの河川環境の評価が行われた例は少ない。この理由としては，

① 環境評価の必要性があまり認識されてこなかった
② データの電子化が遅れている
③ データが多く，取捨選択がかえって難しい
④ データベース化を意識した調査体系になっていない
⑤ 川ごとの特性のばらつきが大きく，簡便で統一的な手法がつくりにくい
⑥ 洪水などの気象条件に応じた変動性が指標化しにくい
⑦ 評価のためのデータ処理・指標化に関する研究が遅れている

などが考えられる。

しかし，最近は河川環境を評価することへのニーズは高まっている。今後，データベースの整備が進めば，河川ごとの特性の違いや変動性も考慮した調査方法や指標化に関する研究も進み，より適切な現状の把握，評価方法の体系化が可能になると期待される。

以下では，海外などで利用実績があり，今後日本においても実施すること

が期待できる河川環境の現況把握・評価の方法などについて概説し，さらに日本で応用する際の留意点などについて述べる。

3.1 現状の把握の方法

　河川環境の現状把握のためには，①調査，②指標による分析を行う必要がある。ここでは，この2つの方法について述べる。

　調査は，大きく分けて，①既往資料の利用，②追加的な調査（現地調査）がある。河川環境については，これまでも河川管理の中で物理環境（地形・流量・河床材料・施設の設置状況など），化学環境（水質），生物などの自然環境の側面や，人の利用，アメニティ，景観などの社会環境の側面について，さまざまな調査が実施されてきた。このため，これらを最大限活用した上で，追加的な調査を行うことが効率的である。追加的な調査としては，物理，化学データと生物データの関連付けを意識した補足的な現地調査や空中写真等からの情報の抽出が考えられる。例えば，物理環境を生物の「生息・生育場」という空間単位で記述しなおすようなことであり，これまで体系的な調査が実施された例は少ない。

　現状の把握および評価のためには，これらの調査で得られるデータから，河川環境の質を効果的に指標化できる項目を選ぶ必要があるが，現時点では決まった選定の方法はない。指標としては，調査で得られた物理データや生物データ，複数項目の組み合わせで得られる値（インデックスやスコア）などが考えられるが，各河川の特徴や評価手法との関係から絞り込む必要がある。なお，インデックスやスコアを求める方法には，すでに「評価」の観点が含まれているものもある。

　これらの指標を用いて，レーダーチャートや区間をランク分けした平面図や縦断図を作成すると，全体をおおまかに把握するのに有効である。

　また，調査によって得られたデータは，河川環境情報図のような平面図やデータベースに収納することが望ましい。前者は，現在でも工事の際の環境への配慮などに利用されている。データベースは，一定の地域内（日本全体でもよいが）で，ある指標がある範囲の値を示す場所を探したい場合（特徴の類似した区間同士を比較する）などにも利用できる。

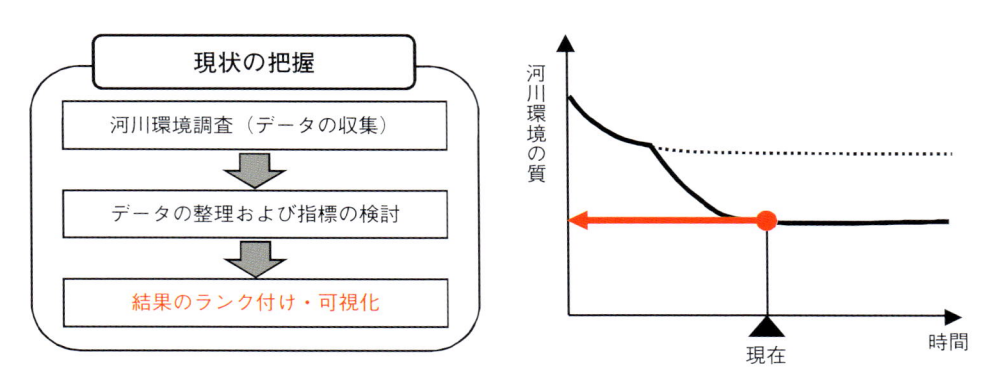

第3章 集団検診（現状の把握と評価）の方法

図-3.1　現状の把握の流れと明らかにする内容

（1）河川環境調査（データの収集）

河川環境の現状の把握のために必要と考えられる調査項目を，既往調査と並べて整理した（表-3.1）。既往調査で必要な調査項目をおおむねカバーしていることがわかる。

表-3.1　現状の把握のための調査項目の例

対象	調査項目	既往調査
物理環境	河川形状・地形・河川構造物 河床構成材料 流況（水位，流砂量，流量，ハイドログラフ）	航空写真・景観写真 河川水辺の国勢調査（河川調査，構造物調査） 縦・横断測量 河床構成材料調査 水位観測・流量観測 土砂動態マップ
化学環境	水　質 負荷量 底　質	水質調査（基準点調査，常時観測，出水時調査） 負荷量調査 底質調査
生物の生息・生育環境（ハビタット）	植　生 瀬・淵・砂州・水際の形状などの生物生息・生育環境（ハビタット）の分布 産卵場などの重要な環境の分布	航空写真・景観写真 河川水辺の国勢調査（河川調査） （河川環境情報図，河川環境検討シート） 漁業関係資料
生　物	種構成，種類数，個体数，行動（移動性） 希少種等の確認位置・環境	河川水辺の国勢調査 文献（論文や市町村史など）
人為的な影響	構造物の設置，地形・河床構成材料・流況等の改変 水質，負荷量 放流・漁獲，植生除去，外来種の状況	航空写真・景観写真 河川水辺の国勢調査 文献（論文や市町村史など） 水位観測・流量観測 水質調査 工事記録 漁業関係資料 砂利採取記録

物理環境や化学環境は，縦断的・平面的なデータ，経年的なデータが比較的得やすく，過去の蓄積も多いが，平成2年に試行が開始された河川水辺の国勢調査をはじめ，生物調査のデータの多くは連続しない地点ごとに得られており，過去の蓄積も少ない。このため，生物情報から河川や流域全体を評価したい場合は，調査を行っていない区間の状況や過去の状況を推定するなどの工夫が必要となる。空中写真や河川環境情報図などから生息・生育場（ハビタット）に着目して広域的・経年的に把握し，それがある程度生物の生息状況と対応していることが示すことができれば，データが存在しない場所・時期に関してもおおまかに推定・補完でき，河川や流域全体の生物からみた評価を行うことが可能になると考えられる。生息・生育場に着目した調査については，すでに海外で開発・利用されている手法もあり，国内でも研究が進められているので，今後の調査ならびに解析方法の体系化，河川管理への適用が期待される。

BOX 13　河川生物の生息・生育場（ハビタット）調査

　河川の環境調査の一つに，イギリスで開発されたRHS（River Habitat Survey）という手法がある。この手法は「河川の特徴と質を物理的特徴に基づいて調査・データ蓄積・解析・評価するシステム」と定義されており，河川をリーチ程度のスケール（500m）で区分して，比較的簡便で系統だった調査（統一された調査票を使用する）によりデータを作成・蓄積していくものである。「habitat（生物の生息・生育場）」という言葉が示すように，生物との関連性を意識し，河床勾配や標高などの基礎情報のほか，河岸の形状，瀬や淵の数など，主に物理的な環境を記録するものである。植生の概況などは記録項目にあるが，基本的には生物自体を対象に調査するものではない。

　得られたデータの利用方法として，河川環境の全国的な目録を作成したり，環境の現状をスコア化して示したりすることのほか，流域の中から人為影響の少ない区間（リファレンスと仮定できる場所）を抽出したり，特徴が類似した区間，または特徴を持った区間の検索，生物の生息状況を説明するための基礎データとしての利用などが考えられる。スコア化の方法にはHQA（重要な生息・生育場の有無や程度により点数付けを行う）やHMS（人為的な改変の程度を点数化する）があり，点数付けするための重み付けは，さまざまな分野の専門家により決められる。前者では，人為改変の小さい箇所（90％以上が自然状態）で値が高くなるように調整されている。

　現在，このような生息・生育場に注目した広域の物理環境調査は，日本でも円山川（大石ら，2006），標津川（未発表）などいくつかの河川で試行や検討が開始さ

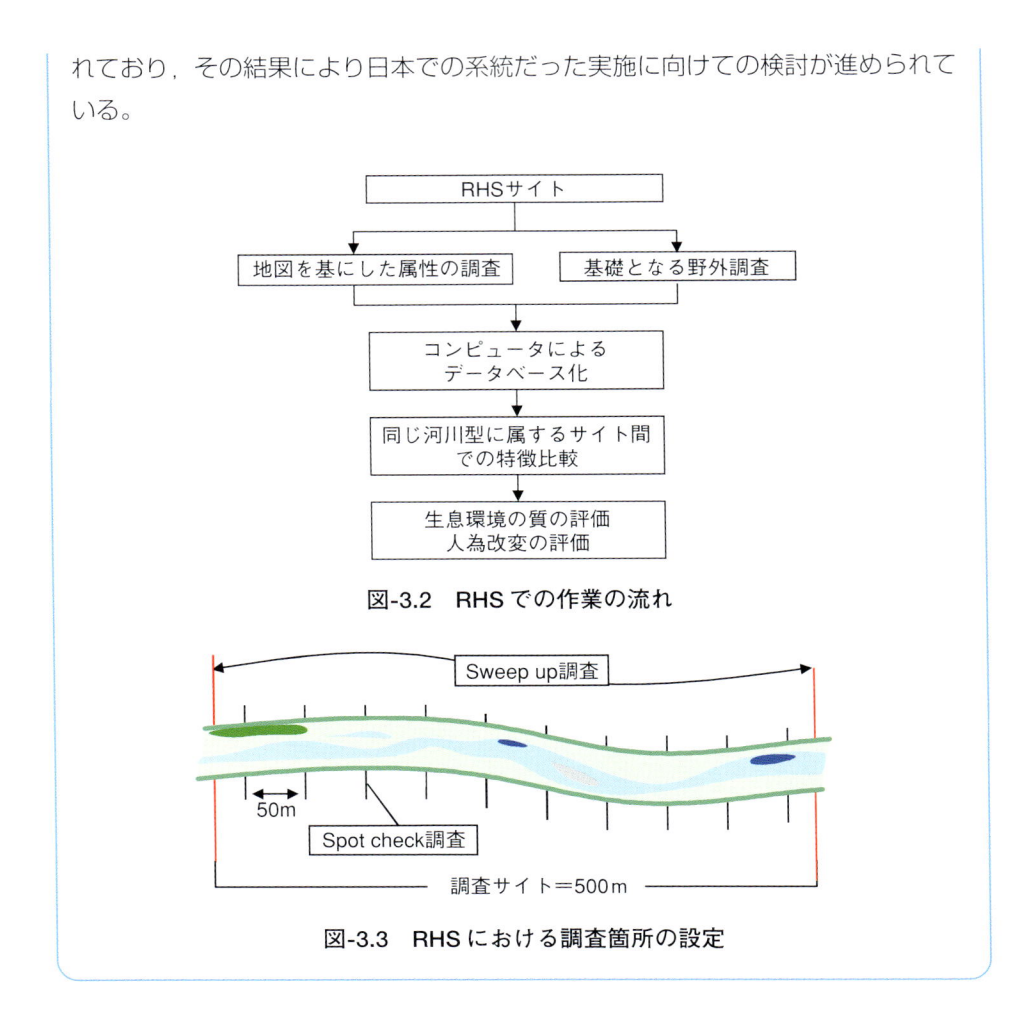

れており，その結果により日本での系統だった実施に向けての検討が進められている。

図-3.2　RHSでの作業の流れ

図-3.3　RHSにおける調査箇所の設定

(2)　データの整理および指標の検討

　広域に行われる集団検診では，おおまかに河川環境をとらえることが重要である。このため，多くの調査データの中から指標を絞り込んだり，複数のデータを用いてそれぞれの場の環境の特性を指標化するなどの工夫が必要である。調査データを用いて3～5段階に分けたり，データに重み付けして点数付けすることも総合的な指標化の作業であり，物理・化学環境のデータを用いる方法，生物のデータを用いる方法など，海外で利用されているものも含め，さまざまな方法が提唱されている。河川環境をより自然に管理していくという観点から，人為影響の程度を示すことに主眼が置かれているものが多い（評価の観点が含まれている）。

今後日本で実際に用いる場合，いくつかの河川で調査や指標化を試行しなければならない。その際，生物の生息状況を説明できるか，人の感覚に合うか，どのくらいの手間・コストがかかるかなどを検証し，実用化に向けた事例の蓄積を進めていく必要がある。

以下では調査の手法や河川環境の総合的な指標化についての代表的な方法について，その長所や短所を含めて解説する。

a. 物理環境や化学環境を指標とする方法

物理環境のデータとしては，測量や流量などの基本的な物理量のほか，前述のRHSのような方法で得られた生物の生育・生息場のデータがある。後者には，生物の種類(魚類や底生動物など。図-1.5 参照)に応じていろいろなスケールがあると考えられるが，ある程度広い範囲で効率的にデータを得るには，肉眼で識別できる程度のスケールが妥当であろう。例えば，瀬・淵などの流れの構造，砂州形状，河岸形状の複雑さ，植生カバーの有無，構造物の有無などがある。空中写真や河川環境情報図などを活用すれば，区間ごとの瀬淵の分布量や河岸線の長さなども比較的容易にデータ化できる。空中写真を用いることで過去の状況もある程度再現できる。

流量変動や土砂移動などは，河川のダイナミズム維持の観点から，現状を把握する上で重要な項目である。流量については最大流量と河道幅とのバランス，砂州の冠水頻度，土砂については流砂量や粒度分布などが考えられるが，これらはその場所の本来の(人為影響のない状態での)変動量がある程度わからないと評価しづらい。河川全体では，河口域周辺の海浜を維持するのに必要な河川からの土砂供給量が計算できれば，それと現状の供給量を比較することにより環境の質的変化を評価できる可能性がある。

土砂以外の物質(栄養塩など)や生物(回遊性の魚介類など)に着目し，それらの縦横断方向および鉛直方向(伏流水など)の移動が人為的に阻害されているかどうかも評価の観点となりうる。例えば，魚道の有無によって，アユなどの遡上性の魚類がどこまで上れるかなどによっても指標化できる。水質データおよび水質の環境基準の満足度は，昔から環境の現状の評価に利用されてきた。生物との関係も含めて，水質項目や環境類型を見直すことが必要であるが，今後も整理しておくべきデータである。

図-3.4 はオーストラリアのMurray-Darling川流域で実施された，物理環境

データによる河川環境の評価事例である。オーストラリアで開発された AUS-RIVAS 法が用いられているが、この手法の特徴は、大型無脊椎動物による評価が組み合わされている点である。

RIVER CONDITION(ENVIRONMENT INDEX BY REACH)

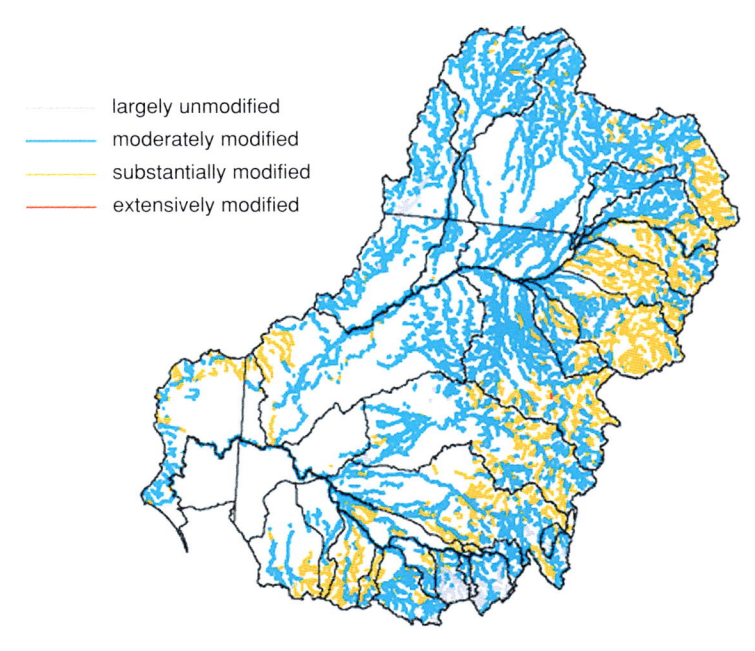

largely unmodified
moderately modified
substantially modified
extensively modified

図-3.4　オーストラリアの物理環境資料による環境評価事例（Murray-Darling 川流域）
　　　　（リファレンスとの比較によりリーチをランク付け）

BOX 14　AUSRIVAS(Australian River Assessment System)法

　河川の環境評価手法の一つである。イギリスで開発された水生昆虫を指標として河川環境を評価する手法である RIVPACS をベースに、オーストラリアで開発、実用化されているものである。① 基礎的なデータベースとしての情報提供、② 陸水域の包括的な評価や水域・水際・生物の観点から重要な箇所の抽出、③ とくに影響を受けていると判断された箇所の改善、④ 持続可能な水管理のための専門家の育成や啓発、などが開発の目的とされている。潜在的な水生生物相を予測できることに大きな利点がある。

　評価対象箇所において、未改変（人為影響なし）と仮定した場合に出現すると期待される水生昆虫の分類群をモデルにより予測し、その予測結果と現状の比較により評価するものである（**図-3.5**）。予測モデルの作成には**表-3.2**の物理環境項目を用いる。なお、予測モデルは以下の仮定に基づいている。

- 経験的に物理的，化学的要素と水生生物の群集構造は関連があること
- リファレンスと評価対象箇所は独立しており，比較が可能であること

　また，この手法における課題としては，大規模河川で大型水生生物相を推測することには限界があること，モデルの開発には広範囲におけるリファレンスサイトの情報を収集する必要があることなどが挙げられる。なお，評価対象範囲（1サイト）は水面幅の10倍で，1サイトにおける調査の所要時間は，フィールド調査は1時間，室内分析作業は1～3時間となっている。

表-3.2　AUSRIVAS の評価に用いる物理環境項目

調査項目	
地理情報	標高，緯度・経度，集水域，水源からの距離，勾配
河畔林	河畔林幅，カバー，日陰，在来植生の割合，河畔林の密度，河畔林の連続性
流路の微地形	川幅，水深，比高
水質	温度，pH，濁度，アルカリ度，窒素，アンモニウム，気温
流況	年平均流量，流況変動幅，流況パターン，ゲージの高さ
流路内	河床材料：粒径，有機物の堆積状況，藻類の繁茂状況，水深，流速，オーバーハング
水際・後背水域	基盤：粒径，有機物の堆積状況，藻類の繁茂状況，水深，流速，オーバーハング，大型水生植物の組成

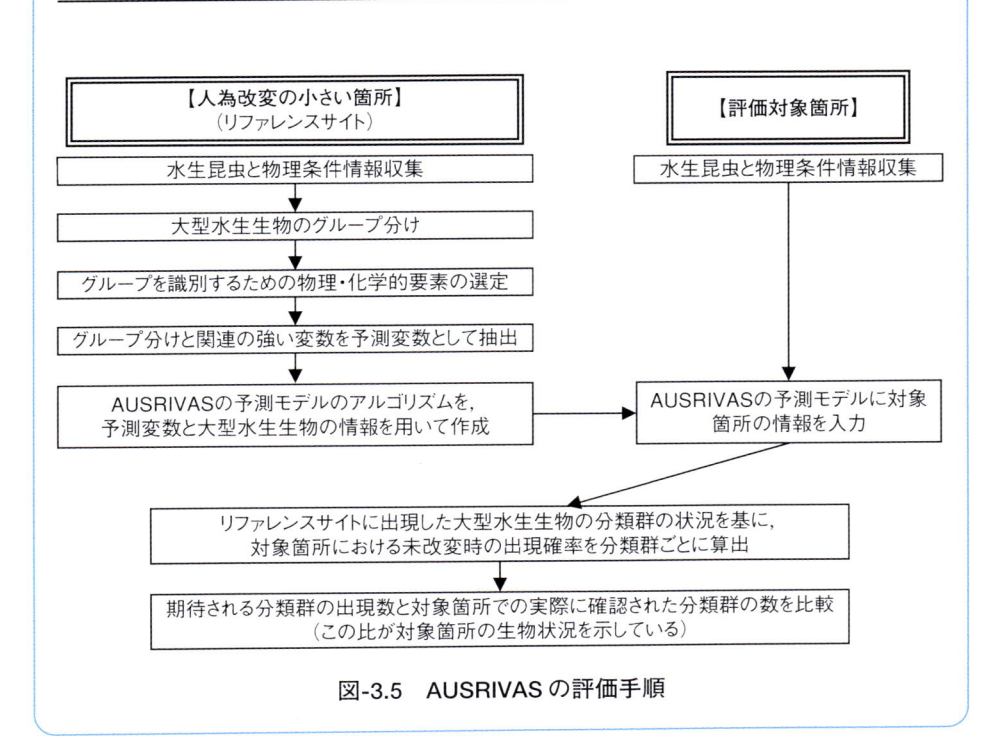

図-3.5　AUSRIVAS の評価手順

b. 生物の生息適性を指標に用いる方法

物理環境データを用いて環境を評価する方法には，湿地を対象にしたWET (Wetland Evaluation Technique)，BEST (Biological Evaluation Standardized Technique) など多くのものがある。HSI (Habitat Suitability Index) モデルもその1つで，米国でEPA (Environmental Protection Agency) により1980年代に開発された，自然環境のアセスメントによく利用されるHEP (Habitat Evaluation Procedures：生態系予測評価手続き) に用いられる手法である。HEPは政策として決められたノーネットロス (個々の場所において増減はあるが，全体としては現状の保全状態を保つこと) を前提とし，事業計画や環境影響の代償の方策について定量的に検討することにより，合意形成をはかる手法である。

HSIモデルは，複数の環境データから，ある生物種の生育・生息場としての適性を定量的に示す手法である。IFIM (Instream Flow Incremental Methodology) で利用されるPHABSIM (; Physical HABitat Simulation System)) モデルも環境データに流量を扱っているが，HSIモデルと類似した手法である。わが国でも近年いくつかの種についてHSIモデルが日本生態系協会や日本環境アセスメント学会などから発表されている (巻末にURLを示す)。一度HSIモデルが構築され，扱うべき生物種の適切な選択ができれば，詳細な生物調査を行うことなく地域の評価が可能なため，アセスメントのコストを削減できる。しかし，評価対象とする代表種の選定が難しいこと，モデル構築にコストがかかること，適用例が少ないことなどもあり，わが国ではまだ利用された例は少ない。

c. 生物を指標とする方法

ある生物の生息数や生物群集の組成などは，河川環境の変動履歴も含めた総合的な質を反映するものであり，評価を行うための指標として優れている。しかし，一般に生物調査の労力は大きく，広範囲にわたって評価を行うことは難しい。また，気候区分や地形，土地利用などによる生物相の違いが大きく，評価の方法や基準が複雑になる可能性がある。

評価の方法には，特定の生物種の個体数などを指標とする方法と，生物群集の組成などを指標とする方法があり，関係する物理的環境や化学的環境，評価の目的などに応じて，さまざまな方法が提唱されている。代表的なもの

としては，指標生物法，生物学的水質階級，多様度指数，IBI，魚類の遡上距離などが挙げられる。

i) 生物種を指標とする方法

　生物を用いた最も単純な手法で，適切な指標種を選ぶことができれば，それがいる・いない，多い・少ないなどで環境を評価できる。下記のようないろいろな課題があるが，限られた条件（期間，区間など）では利用しやすい指標となる。例えば，潜在的にはアユがのぼる河川およびその区間で，アユがのぼっているかどうか，成長・再生産が行われているかどうかで，河川環境の状況を評価することができる。河川を上・中・下流などに区分し，それぞれで指標種（注目種）を複数選んで評価するという手法が，多くの河川で実際に行われている。この方法の特徴と課題は以下のとおりである。

- 種と環境の関係がある程度明らかになっていることが必要である
- データを評価する際には，経年的な変動の小さいものが望ましい
- 1つの種で評価することは難しい。その種がいる・いないだけで，環境の現状の評価を変えてよいかどうかに異論が出る可能性がある。複数種を対象にする場合でも，選定の妥当性の理論的な説明は難しい。また，その種だけへの対応を考えてしまうと，他の種と競合したりするので，バランスを取るのが難しくなる
- 局所的に分布する種は広い範囲の評価には使えない。一方，広く分布する種を指標にすると，その種は環境悪化への耐性が高い種であることが多く，評価に用いる生物種の選定が難しい
- 個体数などの量的な評価の織り込み方（重み付け）も課題となる
- 食物連鎖の上位の種（例えばコウノトリなど）は，環境の評価を行う際に住民と合意形成しやすい
- 水産上の重要種など，地域の関心が高い種を選ぶのが合意形成を考えると望ましいが，学識経験者など地域の自然環境に詳しい人の知見が欠かせない
- 過去の生息数など，リファレンスとしての定量的な情報が得られない，または信頼性が低いことがある。例えば，アユがかつてどれくらいの密度で生息していたかを決めて，それを根拠に現状を評価するのは難しいかも知れない

ii) 生物群集を指標とする方法

生物群集を指標とする方法の代表的なものには,アメリカで利用されているIBIがある(BOX15)。これは日本でも小出水ら(1997,2003)や小堀ら(2002)による実施事例がある。

> **BOX 15 IBI(Index of Biological Integrity)の概要**
>
> Biological(またはBiotic)integrity(生物学的保全性)の概念は,陸域におけるbiodiversity(生物多様性)に類似した概念として水域で使われてきた。アメリカでは,1975年にClean Water Act(水質保全法)が改正されたことにより,水質などの影響評価にBOD等の化学的属性のみでなく,生物種の分布量を考慮した水質評価の指標が重要となった。この際,その概念が再認識されて,多様性指標としてのbiological integrityを指数化したものがIBIである。水質以外の環境への人為的な影響も評価できる。
>
> IBIでは,まず対象となる生態系への人間活動の影響を決定し(例:化学物質による水質劣化),測定可能な属性を選択する。さらに,人間活動の影響要因(例:伐採面積,土地改変面積など)を選択する。これらの影響要因に対して,調査の実効性などを考慮して10程度の基準を選択する(**表-3.3**)。予想される反応を設定するために,判断基準と影響の関係を影響反応曲線(Dose-response curve)によって図化する(**図-3.6**)。
>
> 表-3.3 判断基準とした河川の無脊椎動物種の人為影響に対する反応
> (Karr and Chu,1997を一部改変)
>
> | 判断基準 | 反応 |
> | --- | --- |
> | 分類群の多様度と構成 | |
> | ① 水生昆虫の目数 | 減少 |
> | ② カゲロウ目の数 | 減少 |
> | ③ カワゲラ目の数 | 減少 |
> | ④ トビケラ目の数 | 減少 |
> | ⑤ 生活史の長い(寿命の長い)昆虫類数 | 減少 |
> | 耐久性 | |
> | ① 汚染に耐久性のない種・分類群数 | 減少 |
> | ② 汚染に耐久性のある種・群の割合 | 増加 |
> | 捕食活動 | |
> | ① 捕食性昆虫の割合 | 減少 |
> | ② 付着性の昆虫の割合 | 減少 |
> | 個体数の属性 | |
> | ① 優占種の個体数 | 増加 |
>
> [出典] 環境省ホームページ http://www.env.go.jp/policy/assess/5-2tech/1seibutsu/h15/h15gsiryou2.html

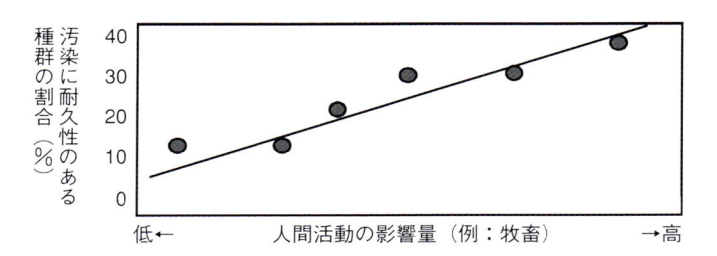

[出典] 環境省ホームページ http://www.env.go.jp/policy/assess/52tech/1seibutsu/h15/h15gsiryou2.html

図-3.6 影響反応曲線の例

サンプル取得後に，IBI式による解析を実施し，その後，下記のように各項目（例：汚染に耐久性のある種群の割合）を5点，3点，1点で点数付ける（**表-3.4**）。この基準点を合計して総合的な評価点を求める（**表-3.5**）。

表-3.4 基準点と定義

基準点	点数付けの定義	基準値（％）
5	標準レベルに近い	＜5
3	少し劣化している	5〜20
1	劣化度が著しい	＞20

[出典] 環境省ホームページ http：//www.env.go.jp/policy/assess/5-2tech/1seibutsu/h15/h15gsiryou2.html

表-3.5 総合IBI値と属性情報

IBIの合計値	Integrity class of site（生物の保全性）	属性情報
47 - 50	Excellent	清流域にのみ生息する種群が多く，開発影響がない。自然と同じ状態
40 - 46	Good	多少の開発影響はあるものの，多様度，種群構成などから，ほぼ自然に近い状態
32 - 39	Fair	開発影響により，特定の種群は減少，または消滅している
23 - 21	Poor	ごく僅かな多様度で構成され，開発や汚染に耐久性のある種群が優占種となっている
12 - 22	Very Poor	汚染に耐久性のある種群のみが生息している
0	非生息地	いかなる種群の採取もない

[出典] 環境省ホームページ http：//www.env.go.jp/policy/assess/5-2tech/1seibutsu/h15/h15gsiryou2.html

IBIには標準化された生物の調査方法が採用され，人為的な影響の小さい（標準レベルに近い）ところのデータが必要である。また，潜在的な魚類相などの適切な判断基準を設定できれば，河川水辺の国勢調査などの生物調査結果をそのまま適用できるという利点がある。

d. 生物の捕食・被食関係を指標とする方法

　生物の捕食・被食関係に着目し，生物から生物への物質の動きを用いて河川環境を評価する試みが行われている。この方法の一つとして，最近，安定同位体比分析（その場所の生物間の食物網からみたネットワークを描くことができる）が注目されている。生物種の出現の有無や個体数・量だけではなく，人為影響の少ない場所（リファレンス）と生物間の関係性を比較したり，河川連続体仮説[17]等に基づいた仮想的な自然状態の河川と比較することによって，物質循環系の観点から環境の現状を評価できる可能性がある。例えば，ダムの下流と上流の生物群集の安定同位体比を比べることで，ダムから流下するプランクトンを含む水が，下流の生物の食物網にどのように影響しているか，それはどれくらいの範囲まで及んでいるかなどを定量的に把握できる。人為的影響の程度が異なる複数の河川でこの方法によるデータが蓄積されれば，さらに活用範囲が広がる可能性がある。

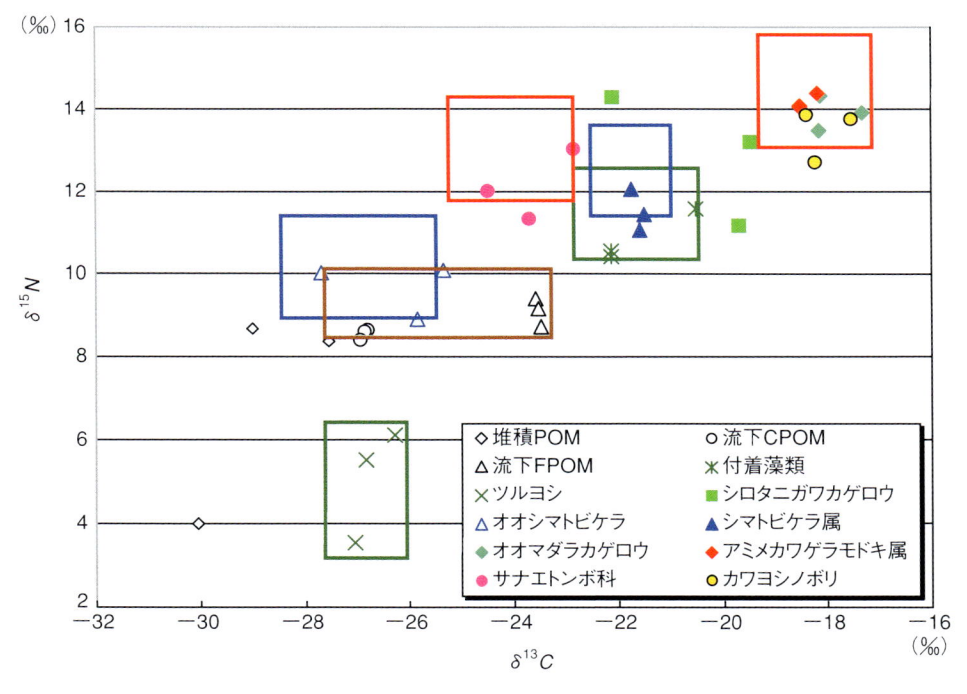

図-3.7　安定同位体比分析による捕食－被食関係の把握例（谷田，2006）
　　　　（食物網からみて生物群集の状態を評価できる可能性がある）

BOX 16 河川連続体仮説（RCC；River Continuum Concept）

　森林や河川内で生産された物質が上流から下流に向かって変化するに従い，生物群集の構造も異なる資源や河川状況に適応して変化する。

　上流域では渓畔林が茂り川の水面を覆ってしまうため，太陽エネルギーが遮られ光量が少なく水温の上昇もおさえられる。このため，光を必要とする付着藻類や水生植物群落は発達せず，渓畔林から落とされる落葉が重要なエネルギーとなる。

　中流域では川幅も広がり，河川内の一次生産である藻類生産量が落葉量を上まわる。さらに大きな河川になると，河畔林による庇陰が減少し，一方で濁りや水深が増加するに伴い藻類生産は抑えられ，川の中の動物は上流からもたらされる細粒物質や溶存物質に強く依存するようになる。こうした河川の上流から下流に沿ったエネルギーの供給と分解プロセスの変化に伴い，水生動物群集も源流から河口まで連続的に変化する。

　上流域では，落葉などに依存する破砕食者（シュレッダー）が優占している。例えばエグリトビケラやカクツツトビケラなど筒巣をつくるトビケラ類が多くみられる。トビケラ類は落葉とその上に生えるカビやバクテリアなど微生物を餌としており，その糞として微細粒状有機物（FPOM，Fine Particulate Organic Matter）を排出することで，下流へ有機物を供給している。中流域では，石の表面に付着する藻類の発達に伴い，これらを餌とする刈取り食者（グレイザー）が増加する。グレイザーとしてはヒラタカゲロウ類やアユなどがあげられる。また上流や陸上から流入してきたFPOMも，重要な餌資源となる。FPOMを餌とするものとして，濾過摂食型の収集食者（コレクター）である造網性トビケラ（巣に張った網にかかった餌をとる）のシマトビケラ類やヒゲナガカワトビケラ類の幼虫が代表的なものである。さらに下流域では，泥質の河床に堆積したり，河床付近を漂うFPOMを取り込む収集食者が多くなる。ミミズ類やユスリカ類，二枚貝類が代表的なものである。

　このような傾向は，河川連続体仮説（River Continuum Concept）と呼ばれている。この河川の生態的連続性は，気候，地形，地質，そして植生などで変化する。例えば，沿岸域に広がる小河川のように森林に覆われた渓流が直接海に注ぐ場合，**図-3.8**にみられるような連続性は認められず，上流域の生物群集のみとなる。また，上流域が牧草地として開発された場合，渓畔林による庇陰が減少し，藻類生産が卓越する。したがって，この概念が適用できるのは，山地から扇状地，そして沖積低地が広がる比較的大きな自然河川であり，そこでのエネルギーと生物群集との連続的な関係をみる上で便利な概念であるといえる。

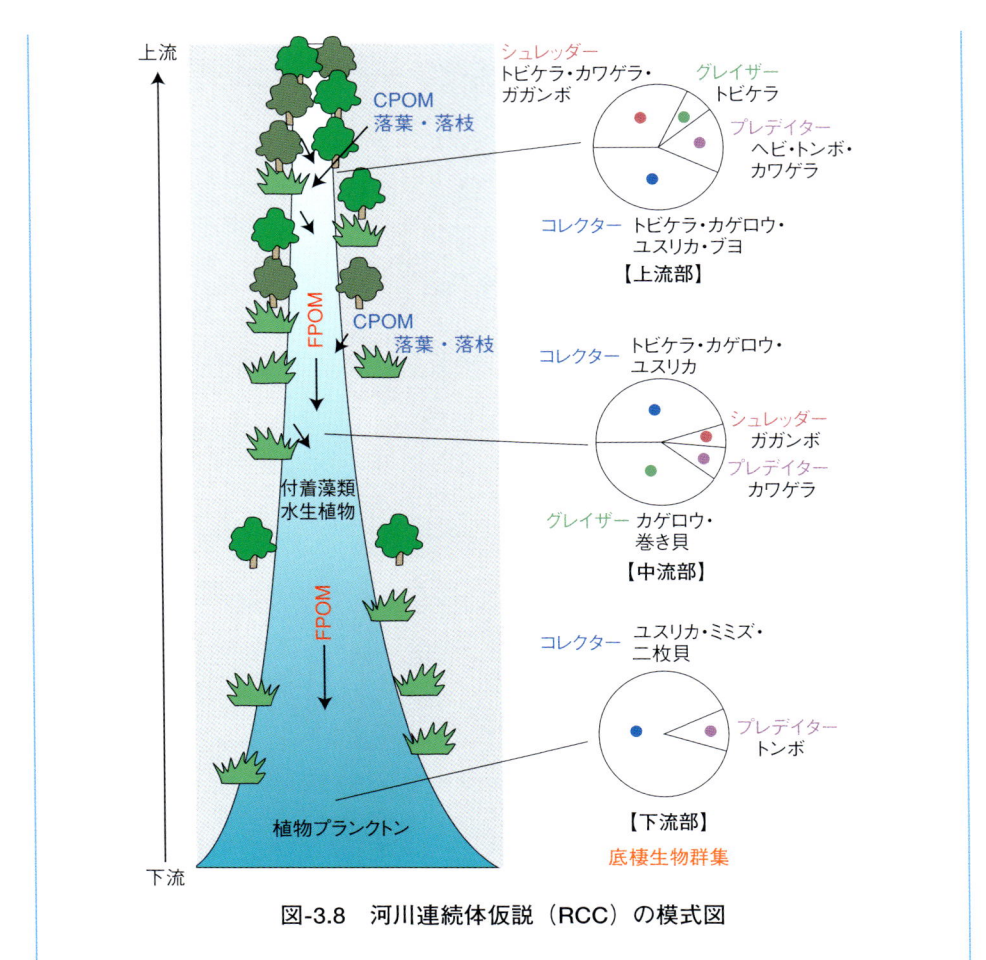

図-3.8 河川連続体仮説（RCC）の模式図

[出典] Vannote R. L., Minshall G. W., Cummins K. W., Sedell J. R. & Cushing C. E.：The river continuum concept. Canadian Journal of Fishery and Aquatic Science 37, pp.130-137, 1980

（3） 海外で利用されている評価方法のまとめ

　我が国では，全国レベルでの体系的・統一的な河川環境の評価はまだ行われていないが，先に示したように（BOX13，14）イギリスやオーストラリアでは国の標準手法を定め，全国の河川環境を体系的に把握・評価することが行われている。このほか，各国で独自の方法が開発，利用されている。

　方法の多くは，評価の基準（リファレンス）として人為改変を受けていない箇所もしくは人為改変の小さい箇所を設定し，それとの比較によって現状を評価しようと考えている。また，いくつかの手法では，指標に重み付けする

などして処理し，最終的に数段階(high, good, moderate, poor, bad など 5段階程度に分けている例が多い)にランクづけしている。

評価を行うための河川環境の調査項目や，評価を行うための指標は手法によりさまざまであり，水生昆虫や魚類などの生物種または群集とする方法(HABSCORE, IBI など)と物理環境を指標とする方法(RHS(HQA), SERCON 等)，それらの組み合わせ方法(RIVPACS, AUSRIVAS)などがある(**表-3.6**)。なお，EU では Water Framework Directive の推進のため，STAR (Standardisation of River Classifications)という河川の評価プロジェクト(各国の手法を統合化)が進められている。

表-3.6 主な評価手法の概要

指標	評価方法 名称	国	概要
生物または生物と物理環境との組合せ	AUSRIVAS	豪州	BOX14参照
	RIVPACS	英	水生昆虫を指標として評価，分類する
	IBI	米	BOX15参照
	HABSCORE	米	経験的なモデルによりサケ科魚類個体群の自然状態と現状と比較し，その比で評価
	SERCON	英	生物・物理の調査項目データを主観的評価により点数づけし，川の保全価値を評価する
	Index of Stream Condition	豪州	物理面・水生昆虫データを用いて，自然状態を基準にして点数づけにより評価
物理環境	QHEI	米	物理的な側面から生息・生育場（ハビタット）特性を6つのマトリックスに区分し，個々のマトリックス要素について点数づけして評価
	RHS(HQA, HMS)	英	BOX13参照
	SEQ-MP	仏	流路，河岸，氾濫原に区分し，それぞれを点数づけして評価
	LAWA-vor-Ort	独	中小河川の構造を動的プロセスや流路・氾濫減の生態的機能面から評価
	Habitat Predicting Modeling	―	物理環境のいくつかの側面について，予測モデルによる自然状態と現状を比較して評価
	Geomorphic River Styles	―	地形学の理論を基に予測式より将来の地形を予測し，自然状態と現在を比較して評価

これらはそれぞれの国の河川・風土の特徴，流域等のスケール，データの積み上げ状況などによって異なるものであり，我が国で参考とする場合にはそれらを考慮する必要がある。例えば，魚類を指標とする HABSCORE のよう

な方法を，日本にあてはめようとすると，魚類群集の地方の特色，流程分布などを考慮して指標を選ぶ必要がある。

　一方で，これらの手法で使われている物理環境指標，生物指標，データ収集システムなどを参考にしていけば，我が国でも効果的・効率的な総合評価を実施できる可能性もあり，試行例の蓄積をはかる必要がある。

　RHSのシステムにあるHQAというスコアリング手法は，スコアはイギリスにおけるさまざまな分野の専門家により，人為改変の小さい箇所（90％以上が自然状態）で値が高くなるように調整されている。日本で実際に行う場合でも，主観が混じる可能性への懸念はあるだろうが，このような専門家の感覚や経験を重視した調整が必要となるであろう。なお，HQAでも異なる河川タイプは比較できないとされているが，日本の場合，どの程度まで河川タイプを類型化できるかを今後研究する必要がある。

（4）　結果の可視化とランクづけ

　河川環境の現状の評価を行う際には，調査結果を河川距離標に沿った縦断図や流域図などの平面図にまとめて可視化することが重要である。これによって，まずは全体的な分布傾向を総合的・直観的に把握することができ，評価の妥当性（人の感覚との整合）も確保できる。

　縦断的な整理の例としては，河川環境の質に関連する調査データをグラフにするような手法がある（**図-3.9**）。地理情報システム（GIS：Geographic Information System）を用いれば，平面図上でのデータ管理や整理，データの組み合わせ（重ね合わせ）が容易になる。**図-3.10**は，標津川中流部においてRHSの手法で得られた多量の河川環境データを，多変量解析等を用いて統計的に処理し，リファレンスからの乖離度を4つにランク分けして図示したものであるが，**表-3.6**に示したような手法を用いればこのような評価を行い，図に示すことが可能である。

　このように複雑な過程を経て指標化されたものを図示することもあるが，単純に調査の生データそのものやデータをいくつかのランクに分けたもの，複数データを組み合わせて指標化した値などを図示する場合もある。整理の目的（全体的な把握など）に応じて使い分けるとよい。ある項目において特異な値を示す区間を探す，その理由を周辺の地形等と合わせて考察する，ある項目の分布傾向を読み取って将来予測の分析の際に活用する，異なる水系を

3.1 現状の把握の方法

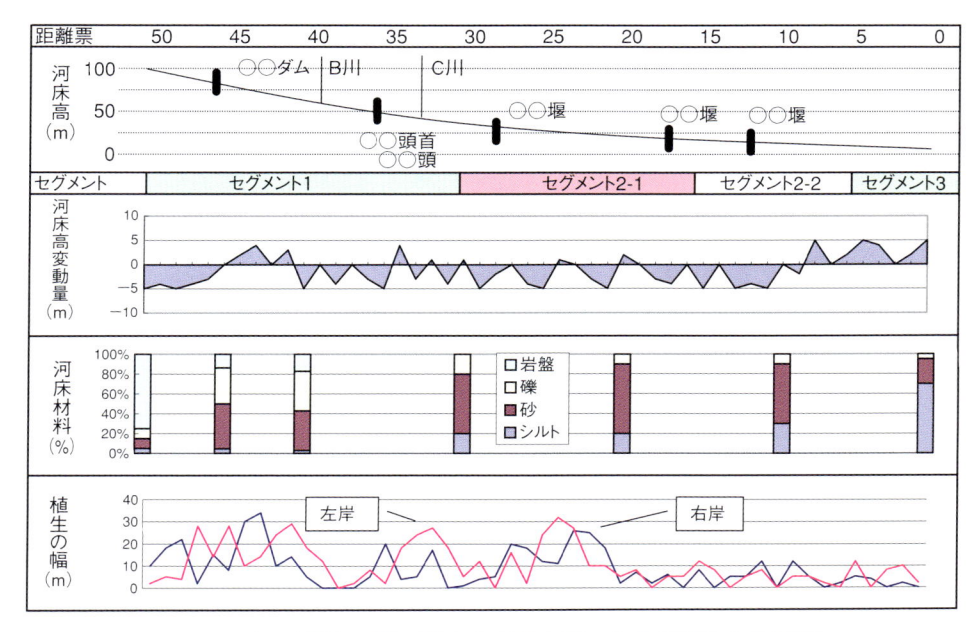

図-3.9 河川環境の質に関連する調査データの縦断的な整理例

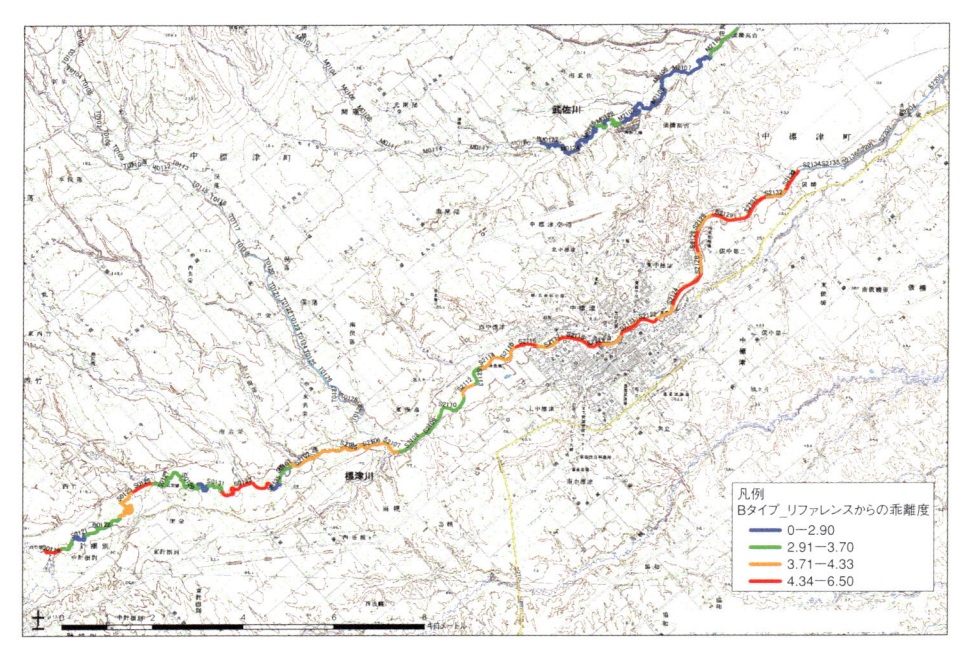

図-3.10 物理環境からみた環境の可視化の例（標津川）（物理環境からみた環境の特性を4段階にランク分けして表示している）

並べて比較するなどいろいろな活用法が考えられる。このような整理方法は，実際の河川管理の現場においても比較的簡便でわかりやすい方法としてよく利用されている。

個々の地点に着目して，複数項目のバランスなどをみる場合には，レーダーチャートなどによる表現もわかりやすい。

3.2 現状の評価

河川環境の現状評価の考え方のひとつとして，「リファレンス」という基準を設け，各区間における河川環境の現状をそれとの差（乖離の程度）を把握するという流れが考えられる（図-3.11）。さらに，その上で保全や再生の必要性の検討を行うための詳しい分析の段階（精密検査）に進むかどうかを判断する。

1リーチ程度の区間（ユニット）ごとに調査したデータや指標を用いて，区間ごとにリファレンスとの乖離の程度を求め，これを指標として水系全体の河川環境の質（状態）を地図上で見渡すことにより，全体的な評価（どの区間が自然環境が保全されている環境で，どの区間が問題のある環境か）ができる。これにより，悪化して対策が必要な区間の特定だけではなく，優先的に保全すべき区間はどこにあるか，自然再生事業などを計画する際に，どこから着手すべきかといった，河川の環境管理にかかわる基本的な戦略を立てる際の基礎資料が得られる。

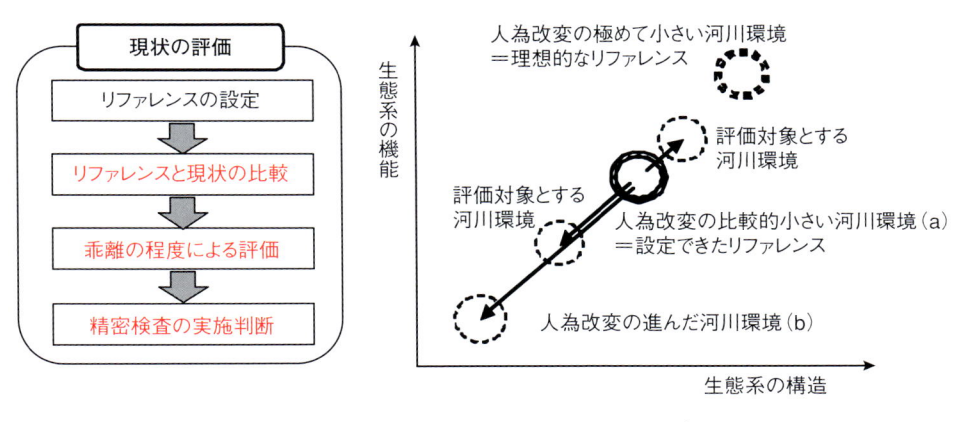

図-3.11　現状の評価の流れとイメージ

適当なリファレンスを設定できるかどうかが，現状の評価をより客観的に行うための鍵である．現在のところリファレンスの設定方法には決まったものがないが，できるだけ過去の人為的な改変が小さく，また，地元の住民に昔の景観が残っていると評価されているような場所を選ぶことが考えられる．地域によって，さまざまな問題はあると思われるが，実際に試行することが重要である．また，評価のものさしとしてだけでなく，自然再生などを行う際の手本になるという観点からも，各河川においてリファレンスになりうる区間は保全（保存）し，維持していくことが必要である．

リファレンスとの比較の方法としては，例えば，生息・生育場調査での調査項目を決める際，「空間（生息場）の多様性」や「人為的影響の程度」などの評価軸を設定して整理し，リファレンスおよび現状が複数の評価軸による多次元空間上のどこに位置するかを算定して，相互の位置の間の距離を求めるというような方法が考えられる．この場合，乖離の程度は河川の区間によっていろいろな値を取る．この値を数段階に区切れば，欧州連合（EU）や諸外国で行われているように複数のランクに分けることもできる（図-3.12，図-3.13）．なお，ランクに分けることは，ある程度自動的な目標設定（再生事業を行うなどの判断）を可能にする．図-3.12の例でいえば，poor（4）やbad（5）などのランクの区間は，必ず再生事業の対象としてランクを上げるといった方針・政策を取ることも考えられる．そのような枠組みの設定や実際の適用は今後の検討課題である．

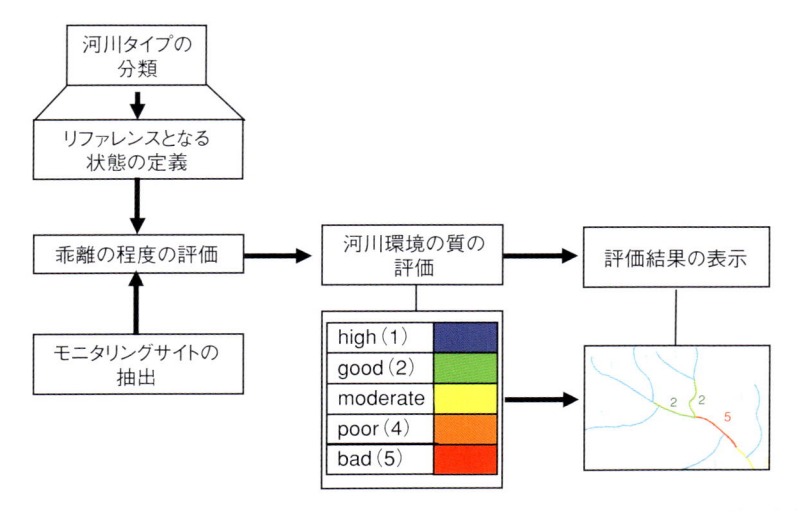

図-3.12　欧州（EU）における河川環境の評価の流れ（5段階での河川環境評価）

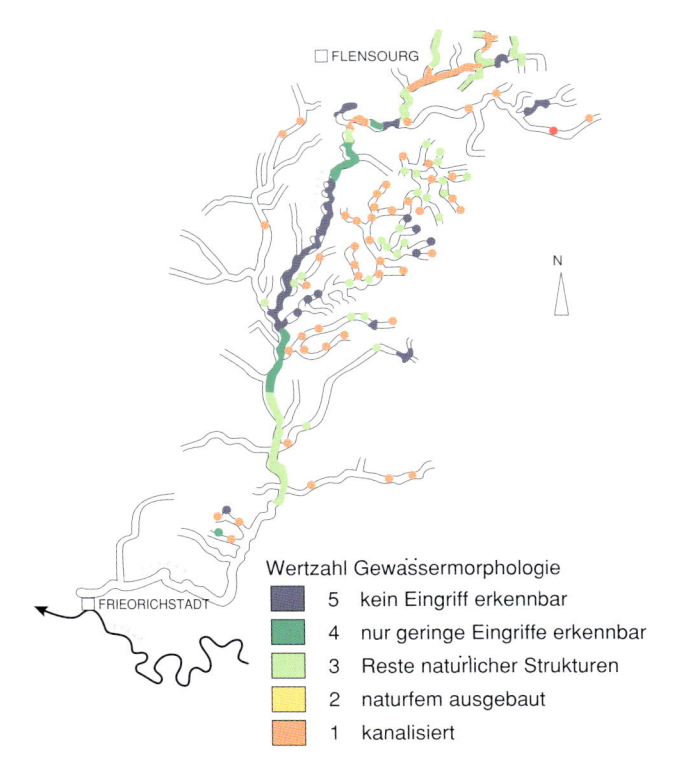

第3章 集団検診(現状の把握と評価)の方法

図-3.13 ドイツの河川環境評価の例(キール，ドイツ連邦共和国シュレースヴィヒ・ホルシュタイン川における流水域評価，1995)

また，セグメントごとに区間の乖離の程度の平均を求め，それによって異なる河川の同じセグメントを比較するようなことも可能になると考えられる。河川間の比較は，区間の比較と同様に，ある地域において保全・再生に関して優先度の高い河川はどれかを決める(事業費の配分や実施時期などを決める)ことにも利用できる。

3.3 今後の課題

(1) 広い範囲の連続した環境情報の取得(調査手法の開発)

日本では，河川水辺の国勢調査を初めとした広範囲の生物調査や，各種の水質調査，流量調査，測量などが実施されており，それらの情報を河川管理

に適宜用いるために，1枚の地図上にとりまとめる作業が日常的に行われている。このような図は，生物の生息・生育場である瀬・淵の状況や植生の状況，その基盤上に生息するさまざまな生物の分布など非常に多くの情報を含んでいる。しかし，あくまでも地図情報であるため，そこから環境の状態を把握したり，必要な情報を抽出するためには，広い見識と経験が必要となる。また，基礎情報を得るための生物調査は，あらかじめ決められた地区のみで調査が実施されることが多い。したがって，調査地区以外の場所の情報が得られないのが普通であり，広い範囲の連続した環境情報の取得や評価が行いにくい欠点がある。

そこで，広い範囲での環境情報の把握のために，とくに生物の調査結果と，各種の物理・化学的な調査結果を結びつける，生息・生育場調査（物理環境調査の一種と考えてよい）の体系的・広域的な企画と実施が急務であると考えられる。さらに，生息・生育場の検討と同時に，日本特有の河川環境に合わせた河川環境の総合的な指標化手法を開発する必要がある。

(2) 撹乱・物質動態の指標化方法

調査方法やランク付けの手法開発においては，現状の環境の値からの評価のみでなく，変動する河川環境の特徴を表すために「変動・撹乱と生物多様性の関係」や，河川の連続性を考慮するために「物質や生物の移動」，「物質動態」などの観点を指標に取り入れることが今後の課題として挙げられる。現時点では流況の改変程度をどのように数値化するかなどが整理されていないため，当面は器としての河道の状況，生息・生育場の存在量などに着目して指標化を行うことが考えられる。変動と撹乱については，例えば河岸の冠水頻度の分布状況などは計算が可能なため，これらの人為的な改変の程度を区間の特性として指標化できる可能性がある。物質の流入・移動（連続性）については，土砂収支・流砂量，安定同位体比などの結果を用いて指標化できる可能性があり，これらについて更に検討する必要がある。

(3) 全国や地域など広域での評価の実施

現状の評価・把握の手法を，流域スケールから拡大して全国や地域スケールに適用することにより，より広範囲の視点でのリファレンス抽出や，複数の流域をまとめて対象とした目標設定が可能となると考えられる。

第3章 集団検診(現状の把握と評価)の方法

まず，特性が似通った河川や区間がどこにあるのかを抽出することが可能となる。また，ある流域内でのリファレンスの抽出が人為的な改変により困難な場合でも，他の流域を参照することで，妥当なリファレンスが得られる可能性がある。

また，ある地域で異なる河川ごとの評価結果を比較したり，全国や地域での平均的な評価点を求めることにより，地域全体の評価点の維持や向上を目標にすることもできる。全国レベルでの評価を実施できれば，将来的には，各河川で目標とすべき「潜在的な状態」とは別に，最低限確保すべき評価点(シビルミニマム)という基準の設定も可能となると考えられる。

現在のところ，日本では，水質については全国的な評価(環境基準の満足度)が行われているが，生物やその生息・生育環境については全国的な分析・評価は国の行政レベルでは実施されていない。一方，海外では先のオーストラリアやイギリスの例のように，得られた評価結果を地域や全国レベルで地図化したり，頻度分布の整理・解析などを行い，広域に環境の現状を俯瞰することにより，河川環境の管理計画などの諸政策に反映している(図-3.14)。

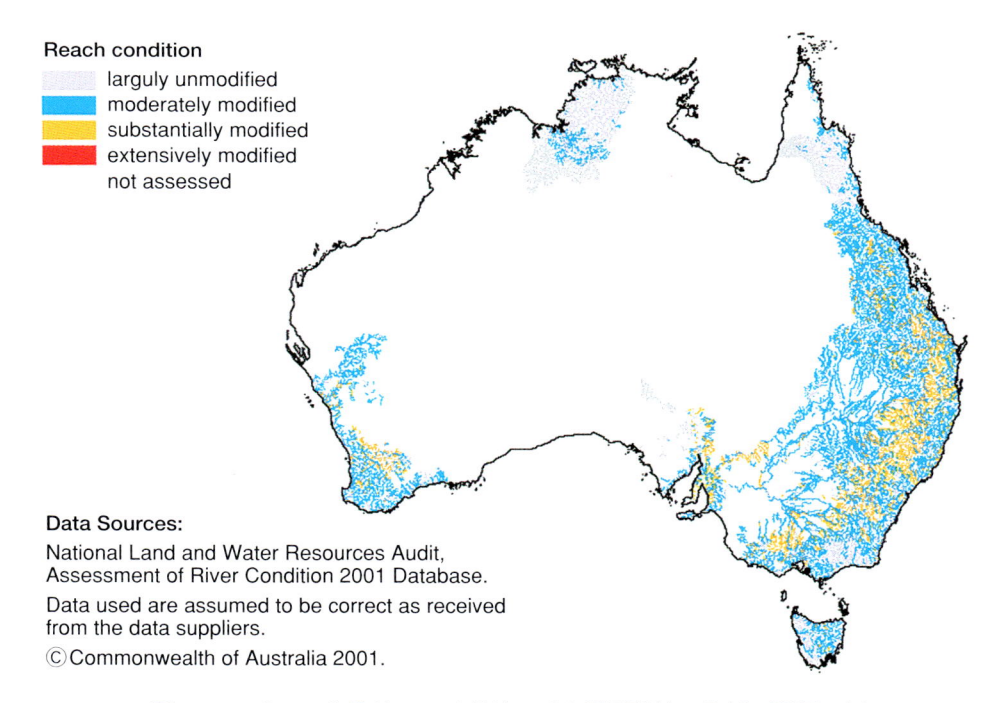

Reach condition
- larguly unmodified
- moderately modified
- substantially modified
- extensively modified
- not assessed

Data Sources:
National Land and Water Resources Audit, Assessment of River Condition 2001 Database.
Data used are assumed to be correct as received from the data suppliers.
ⒸCommonwealth of Australia 2001.

図-3.14 オーストラリア・イギリスでの河川環境の分析・評価の例

3.3 今後の課題

このように，ある特定流域の河川環境について，全国や地域の中での位置づけなどを把握することは，全国的な河川環境の管理戦略を立てる上でも有効であり，また特定流域の保全・再生の必要性を判断する基準を提供する。また，データを集約し，現状の把握・評価結果（過去のデータから評価した場合など）を蓄積していくことは，個別河川における将来予測にも活用できると考えられる（**図-3.15**）。

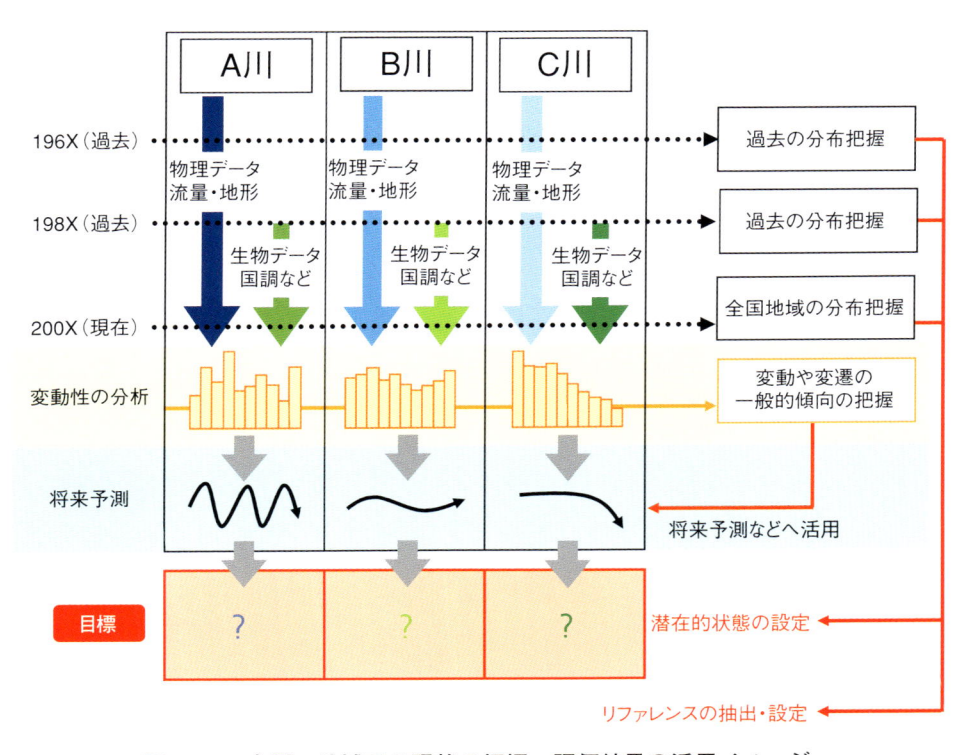

図-3.15　全国・地域での現状の把握・評価結果の活用イメージ

(4) 全国や地域など広域での評価の実施

全国・地域スケールでの現状評価を行う際に，比較可能な河川や区間をどのようにして抽出するかという大きな課題がある。先に例に挙げたイギリスやオーストラリアと日本の河川を比較すると，日本の河川では，個々の河川が持つ特性（降水量，地形，地質，流出特性，人為的な改変，潜在的な自然状況等）の変化・変動幅が大きい。このため，どの川とどの川（または区間）が比較可能であるかという，基礎的な検討があまり進んでいないのが現状である。このような検討を行う際には，エコリージョン[16]のような概念を用いること

も考えられる。

　イギリスとオーストラリアの例を取り上げると，イギリスの場合は日本と比べ個々の河川が持つ地域性があまり大きくないことから，河川間の比較が容易であると考えられる。オーストラリアの場合は対象としているスケールが非常に大きく，評価を「人為的な改変」にターゲットを絞ることで全国的な比較を行っている。細かい河川ごとの特性の違いはあまり比較の前提としていないが，評価システムは流域をいくつかの地域（リージョン）に分けて，それぞれで評価するように構築されている。

　今後は，日本の河川において，「比較可能な川」はどこか，そのためにはどんな考え方が適当であるかに答えられる，河川の類型化に関する研究の進展が必要となっている。そのためには，生息・生育場，生物の生息状況に関するデータベースの整備，データの蓄積が必須であろう。

　また，河川環境の集団検診は人の健康診断と同様に定期的に行われるべきであり，それによって地域や全国の河川環境が全体としてどのように推移しつつあるのかを把握した上で，政策的な対応を決定する必要がある。個々の河川においては環境悪化（病気）を早期発見するために，現れた症状がどの程度深刻なのかを診断する基準が必要になる。そのためには比較可能な河川において症例を集め，データベース化しなければならない。

BOX 17　エコリージョン仮説

　エコリージョン仮説は，「生態系の観点から地理的に比較的同質なエリア内では生物相の良否が比較可能である」とするものであり，魚類を用いて河川の健全度を示す IBI という指標は，アメリカを複数のエコリージョンに区分して用いられている。日本は南北に長く地理的・気候的・地史的に生物群集のわかれ方が複雑であり，河川は流程によって形態が異なるため，上流と下流あるいは流域ごとに異なる生物相となっている。そのため，これまでエコリージョンに関する研究は（目標設定や評価のためという必要性に迫られなかったこともあるが）あまり進んでいないのが現状である。オーストラリアでも，リファレンスの設定や評価モデル（アセスメントモデル）の設定はいくつかのエコリージョン区分ごとに行われている。

　一方で，個々の川それぞれが地域にとっては重要であるため，そもそも複数の河川の比較検討が実際の目標設定の根拠として受け入れられるかどうかについては議論がわかれているところである。

第4章

精密検査
(将来予測と保全・再生の必要性の検討)

第4章 精密検査（将来予測と保全・再生の必要性の検討）

　現状の評価結果から，河川環境の質が高いことが明らかとなった区間について，それを保全・維持することが最も重要なことである。さらに，河川環境の質が低い区間が多いことが明らかになった河川については，質の低下の原因を解明し，そのまま放置すると各区間の河川環境はどうなるか，河川全体ではどうなるかなどの将来予測を行う。その上で，現状の評価に将来予測の結果を加味して，当面様子をみるのがよいか，保全や再生の必要性があるかどうかを検討する。

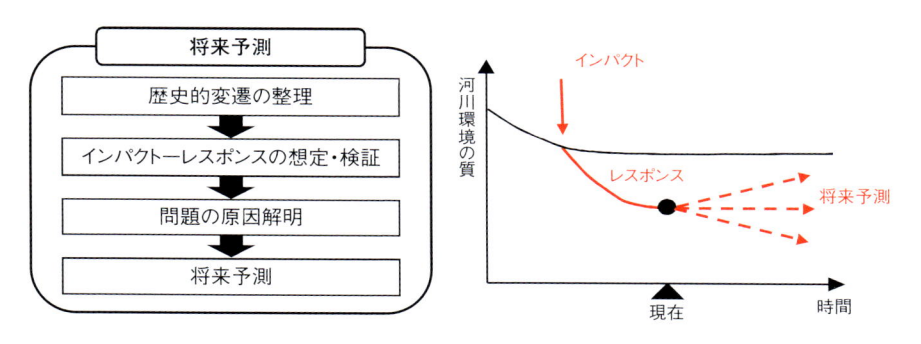

図-4.1　将来予測の流れと明らかにする内容

4.1 歴史的変遷の整理

　河川環境の劣化を引き起こす原因や因果関係について把握し，将来予測の精度を上げるための手段として，環境の歴史的変遷の整理が有効である。整理にあたっては，どのような変化が起こったのかという現象面とともに，現象を引き起こす直接原因となる項目や，関連性が考えられる項目（洪水履歴，土砂採取，土地利用など）についても把握し，できるだけ定量的な変化をとらえることがポイントである。

　しかし，過去にさかのぼれる定量的な河川環境の情報，とくに生物に関する情報はあまり多くなく，定量的な変化を把握しづらいことが課題である。今後は，河川環境の変化を定量的にとらえるための継続的で統一された調査，例えば河川水辺の国勢調査など継続的に蓄積されるデータの利用や，河川の物理環境調査の定期的な実施などが必要となる。

現状評価の結果，環境上問題がある（または将来，環境が変化することで環境上の問題が表面化する可能性が高い）と評価された区間については，環境劣化の内容や問題を引き起こした原因，環境変化の機構（メカニズム）を明らかにする必要がある。

具体的には，表-4.1 に示すような，過去から現在までのさまざまな環境データを収集し，時系列に変遷を整理することにより，環境変化の機構について多くの情報を得ることができる。

表-4.1　過去からの環境データ調査項目の例

対象	調査項目	既往調査
物理環境	河川形状・地形・河川構造物 河床構成材料 流況（水位，流砂量，流量，ハイドログラフ）	航空写真・景観写真 河川水辺の国勢調査（河川調査，構造物調査） 縦・横断測量 河床構成材料調査 水位観測・流量観測 土砂動態マップ
化学環境	水質 負荷量 底質	水質調査（基準点調査，常時観測，出水時調査） 負荷量調査 底質調査
生物の生息・生育環境（ハビタット）	植生 瀬・淵・砂州・水際の形状などの生物生息・生育環境（ハビタット）の分布 産卵場などの重要な環境の分布	航空写真・景観写真 河川水辺の国勢調査（河川調査） （河川環境情報図，河川環境検討シート） 漁業関係資料
生物	種構成，種類数，個体数，行動（移動性） 希少種等の確認位置・環境	河川水辺の国勢調査 文献（論文や市町村史など）
人為的な影響	構造物の設置，地形・河床構成材料・流況等の改変 水質，負荷量 放流・漁獲，植生除去，外来種の状況	航空写真・景観写真 河川水辺の国勢調査 文献（論文や市町村史など） 水位観測・流量観測 水質調査 工事記録 漁業関係資料 砂利採取記録

（1）　河川管理で取得しているデータ

これまでの河川管理で過去に収集されたデータ（水文データ，航空写真，縦横断図，平面図，施設管理書類，工事記録など）は，河川環境の変化や問題のおよその背景を把握するために役に立つ。とくに工事の記録や測量データの変化から，人為的改変に伴う環境の変化をとらえることができる。例えば，河床低下の進行，砂州形状の変化や縮小・消失などがある。

(2) 環境に関するデータ

河川の物理・化学的な環境情報（流量観測結果，河道の測量結果，水質など）も時間的な変化がわかるように整理しておく。生物については河川水辺の国勢調査等で得られる情報や漁獲量，その他の生物の生息状況等のデータを時系列に整理しておくほか，後述する航空写真から読み取れる情報の整理も有効となる。また研究者や専門家による論文や，関連機関による文献資料（地方自治体の報告書，市町村誌，研究報告など）も網羅的に収集しておくとよい。

(3) インパクトとしての自然現象や人為改変

流域の人口や土地利用に関する社会的な指標の経年的変化，大きな出水やそれに伴う災害の発生など自然イベントの発生時期，治水・利水事業（堤防や横断工作物の設置，改修など）の実施記録，砂利採取量などの人為的改変の時期を整理する。

(4) 航空写真や風景写真の利用

過去の環境のデータを収集してまず問題となるのが，定量的な環境情報がそれほど多くはないということである。しかし，航空写真や風景写真など，景観としての環境情報を整理することにより，環境の変化やその原因について多くの情報を得ることができる。

図-4.2に航空写真を用いた歴史的変遷の整理例を示す。この2枚の航空写

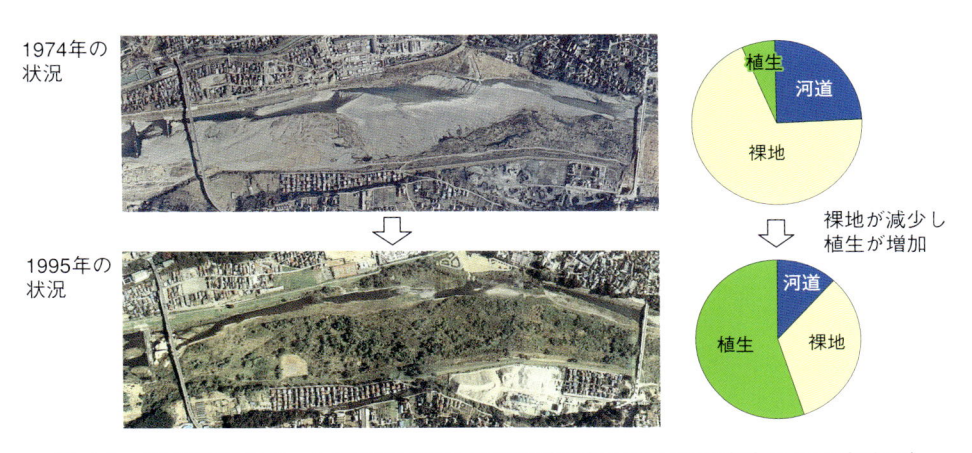

図-4.2 航空写真を用いた歴史的変遷の整理例（写真：国土交通省京浜河川事務所）

真から，1974年から1995年の間，約20年間に起こった環境変化として，① かつて複列砂洲を形成していた網状流路が左岸側に固定され，単列砂洲を形成する河道となっていること，② 礫河原だった高水敷に植生が繁茂し拡大傾向にあること，などがわかる。

また，**図-4.3**は，風景写真を用いた多摩川永田地区の歴史的変遷の整理例であるが，航空写真の整理と同様に，① 水際から高水敷にかけて，かつて広大な礫河原が広がっていた環境が，現在は植生に覆われており，とくに高水敷が樹林となっていることや，② かつては礫河原からあまり比高の差が無く，なだらかに水面へつながっていた河岸部が，現在は水面と高水敷との比高差が大きく，はっきりと両者を識別できるようになっていることがわかる。

このような景観的な変化は，河川の物理的な環境変化に深く関連している場合が多い。例えば，多摩川の例では，複列砂洲を形成した河道が単列砂洲を形成する河道に変化していることから，川幅/水深比の変化が予想され，そ

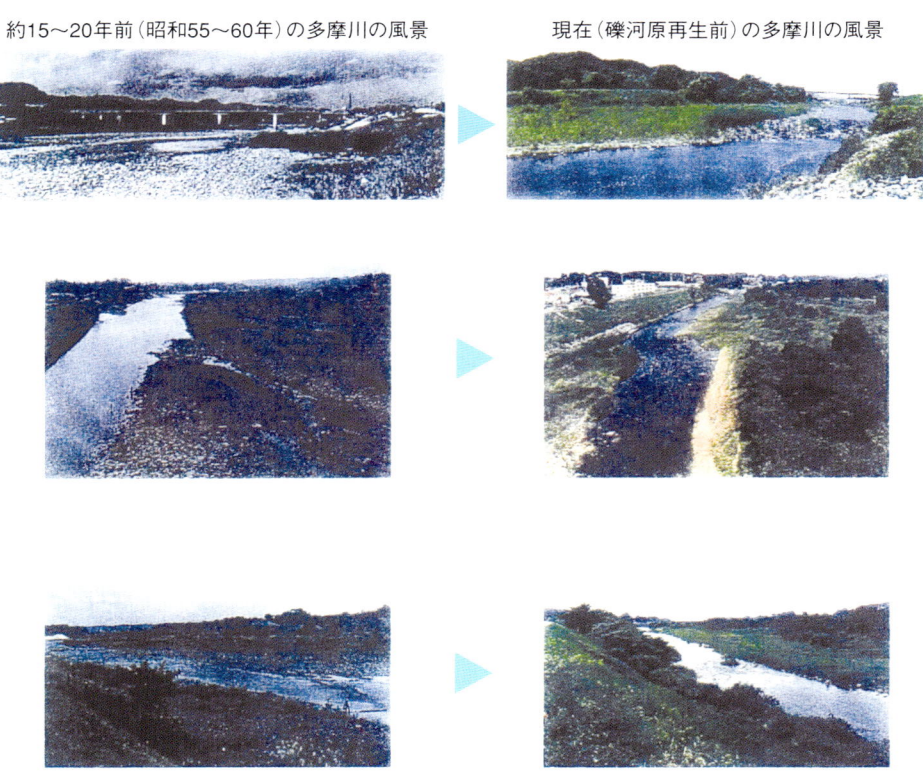

約15～20年前（昭和55～60年）の多摩川の風景　　　現在（礫河原再生前）の多摩川の風景

図-4.3　風景写真を用いた歴史的変遷の整理例（多摩川永田地区）（河川生態学術研究会多摩川研究グループ，2000を一部改変）

第4章 精密検査(将来予測と保全・再生の必要性の検討)

の要因として、土砂供給量の変化、砂利採集、河道断面形状の変化などが関連していると予想することができる。次のステップとしてこれらの項目に着目したデータを収集・整理することにより、環境変化の機構を効率的に解明することが可能となる。

(5) データのまとめ

図-4.4は千曲川における歴史的変遷の整理例である。

多摩川の例と同様に、千曲川においても1960年代から1990年代にかけて、礫河原の減少や高水敷の樹林化、澪筋の固定化などの傾向が航空写真からみた景観的な変化として読み取れる。

景観的な変化と関連が深い項目として、それぞれの航空写真の年代に対応する河道横断図、主な出水、砂利採取等の物理環境の情報、植生図などの生

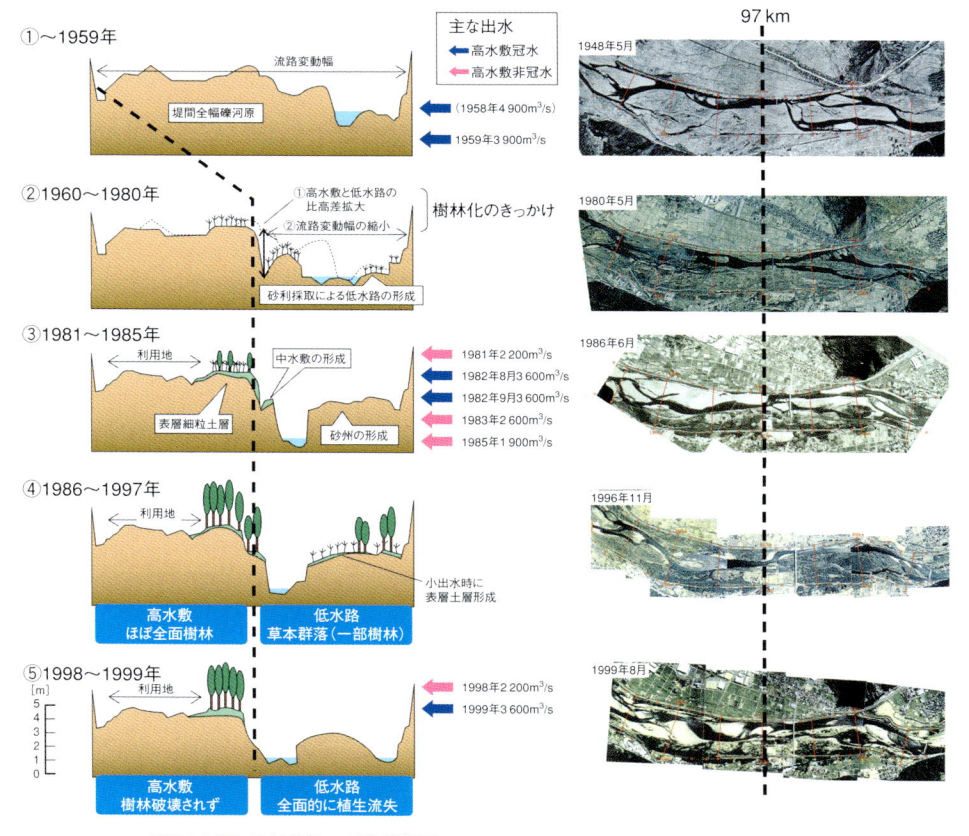

図-4.4 千曲川における歴史的変遷の整理例(国土交通省千曲川河川事務所, 2004)

物情報を収集し，航空写真の変化と並べて整理する．これにより，高水敷の樹林化のきっかけとなった高水敷と低水路の比高差拡大や流路変動幅の縮小がどのような過程でいつごろ起こり，どのように高水敷の樹林が形成されたかが理解できる．

また，低水路でいったん樹林化した箇所が，最近の大きな出水によって消失していることから，低水路での樹林化は安定したものではなく，洪水によって可逆的に戻ることが理解できる．

このように，航空写真等から読み取った景観的な変遷に関連するデータをまとめることにより，環境の変化が，いつ，どのような要因で起こったのかということや，原因と結果の因果関係，さらには河川の大きな特徴である洪水インパクトに対する環境応答の変化などを考察することができる．例えば，出水の規模と植生面積の関係に注目して整理することにより，かつて出水により減少していた植生面積が，近年では同規模の出水でも減少しなくなったことがわかり，物理的な環境変化についてより詳細な考察・検討を行うことができる（図-4.5）．

なお，生物に関する情報は，植生やアユなどの限られた水産有用種の漁獲量以外には入手が困難なことが多く，論文や過去の資料が偶然存在する場合を除き，河川水辺の国勢調査など最近のデータしかないのが現状である．残念ながら，生物多様性がどのような要因でどのように変化していったのかについて知る手掛かりは現状ではほとんどない．

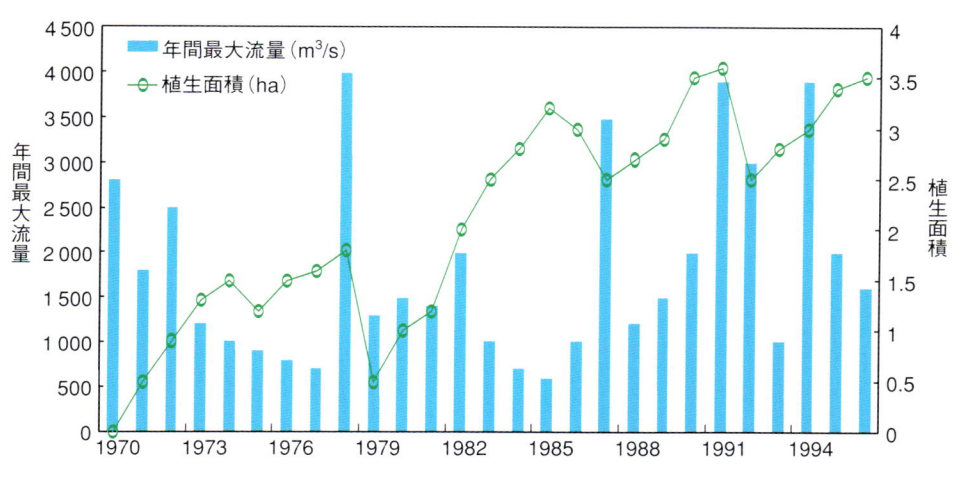

図-4.5　年最大流量と植生面積に着目した歴史的変遷の整理例

第4章 精密検査（将来予測と保全・再生の必要性の検討）

4.2 インパクト−レスポンスの想定・検証

（1） インパクト−レスポンスの想定

　「インパクト−レスポンス」とは，ある作用（インパクト）が河川に加わった場合に河川の物理的な特性が変化し，その変化に河川自身の変動（洪水や植生の繁茂）も加わって，結果として生物の生息状況に変化（レスポンス）が現れるという因果関係を記述したものである。影響要因や伝播経路は複数あり，まずはこれらを関係図（フロー）に表した上で，どの経路が主要なものであるかを分析することが重要である。

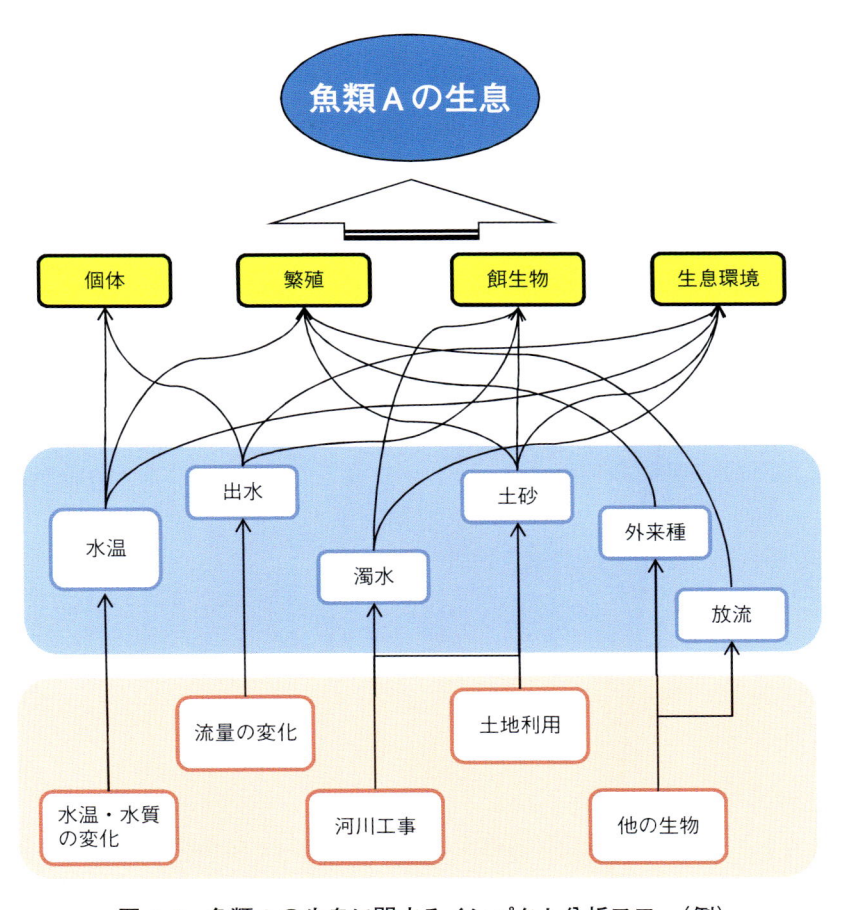

図-4.6　魚類Aの生息に関するインパクト分析フロー（例）

なお，集団検診の段階で希少種などの種に着目して環境の評価を行う場合は，その種を中心としたフローを描き，生息が維持されるか否かの視点から分析を進め，将来その種の生息環境の質が下がるのか上がるのかを予測することが望ましい。一方，特定の種ではなく，生息・生育場のような物理的な環境や群集に着目して環境の評価を行っている場合は，物理・化学的な関係を整理し，その変化に基づいて河川環境の質の変化を予測する。

前者の場合，例えば**図-4.6**に示したように，ある生物（魚類）について，いろいろな人為的操作が，生物の生息・生育場の環境変化をもたらし，結果的に繁殖成功率や個体数に変化が生じる影響伝達経路を，可能性も含めて整理したものが考えられる。経路を逆にたどれば，ある生物の生息状況の「変化」が認識され，何がその変化を引き起こした主な原因であるかを想定することもできる。

また，後者の場合は，**図-4.7**に示したように物理・化学的な環境の場に注目して整理したものが作成できる。これは河川改修事業などあらかじめ環境に与える物理的なインパクトがわかっている場合，それがどのような経路で伝

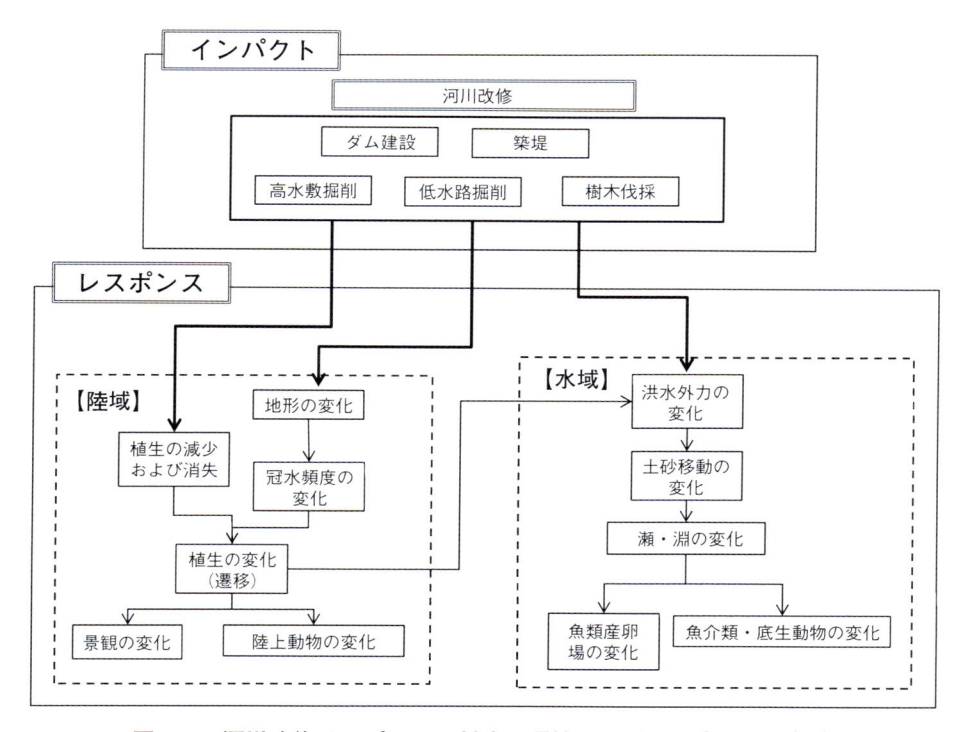

図-4.7　河川改修インパクトに対する環境への影響伝達フロー（例）

播し，結果としてどのような河川環境の変化を生じさせるかを予想できる。

　これらの関係図は定性的な予測に利用するほか，複雑な因果関係を持つ自然現象の中で，どのような要因（経路）が，生物や環境の変化にどの程度寄与しているか，どこが環境への影響の重要ポイントであるかなどの定量的な分析を行うための基礎となる。また，事業後のモニタリング項目や視点，すなわち何をみて，どうやって評価するかが明らかになり，事業の影響や保全・再生効果の検証ポイントの絞り込み，問題点が発生した場合に，フィードバックさせて検討する際にも役立つ。

（2）　インパクト－レスポンスの検証と問題の原因解明

　生物を中心に想定したインパクト－レスポンスは，過去データの変遷や現地調査，実験，物理環境と生物の関係モデル等を用いて解析・検証することにより，問題の原因解明や将来予測を定量的に行うことが可能になる。物理環境や生物の個体数などの変数を多変量解析など統計的な方法（例えばCCA分析など）を用いて処理することで，説明変数としての妥当性や寄与度が定量的に把握でき，最終的にはHSIモデルのような物理環境から生物を予測するモデルが構築できる。

　図-4.7に示したフローのうち，【水域】の部分について，注目種と物理環境の関係を定量化した例を以下に示す。図-4.8は多変量解析法の一つである連鎖独立グラフを用いて，魚類と，さまざまな生息環境因子間の関係を解析した例である。数値は相関係数であり，赤色の線が正の相関，青色の線が負の相関を示している。この例では平均水深と流速変異がネコギギ（1歳以上の個体）の生息と正の関係があり，砂・礫とは負の関係があることを示している。同じネコギギでも当歳個体では流速変異とは関係がみられず，河床間隙と関係がみられることを示している。例えば，土砂動態などの変化によって平均水深や流速変異が小さくなる傾向があるのであれば，将来ネコギギが減少する可能性が予測できる。また，ネコギギの再生産の視点からは，当歳魚の生育のために河床間隙の状況が重要であることがわかる。このような関係を整理し，目標とする種の生態から生息・再生産にかかわりの深い物理条件を明らかにすることにより，どのような人為的操作（例えば深い淵が形成されるような人為的な操作）が，その生物の保全にとって効果的かどうかを検討することが可能となる。

4.2 インパクト−レスポンスの想定・検証

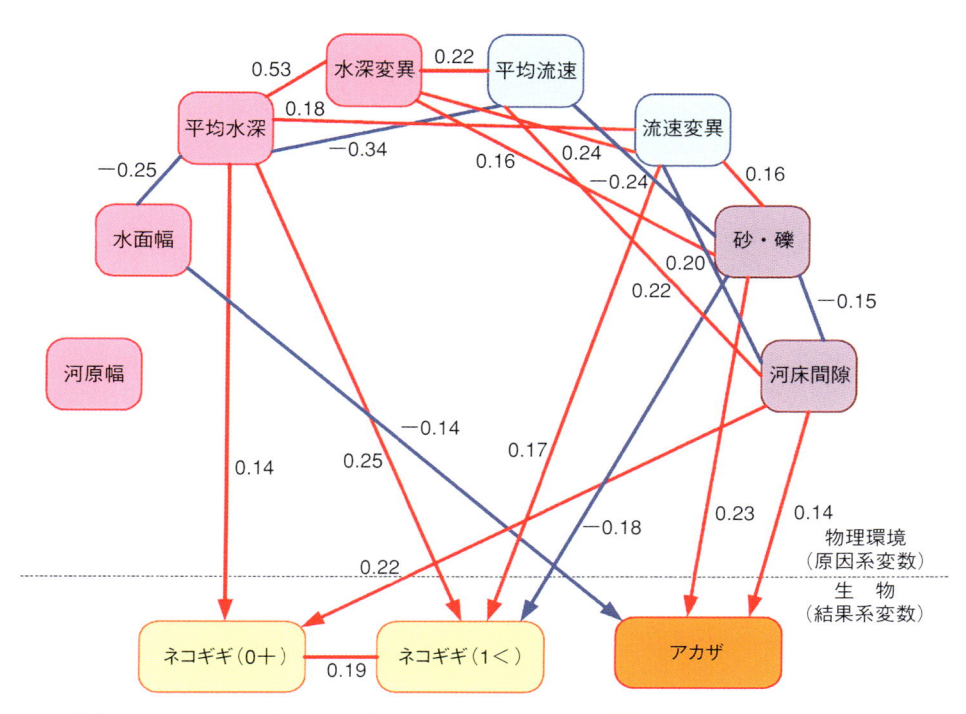

50m区間に分けたときの，各変数の関連を示したグラフ。偏相関係数が正の場合は赤，負の場合は青で示した。数字は偏相関係数の推定値を示す。

図-4.8　生物（魚類）と物理環境の関係の定量化の例（連鎖独立グラフ）（国土交通省中部地方整備局設楽ダム工事事務所資料）

　しかし，生物の生息条件に対する知見が不足しており，今のところ定量的な予測モデルの構築が可能なケースは限られていると考えられる。まずは，入手できるデータの中から環境変化のシナリオを想定し，定性的にでも問題の「主因」を解明し，その上で必要な定量的データを蓄積していくことが重要である。

　一方，主に物理・化学的な関係を記述したインパクト−レスポンスフローは，因果関係を記述したものではあるが，どれが説明変数あるいは目的変数であるかを明確に示しているわけではない。「動物相の変化」のように，目的変数とすることや統計的な分析が難しいと思われる項目も含まれている。しかし，最近では次項に示す植生の例のように，ある程度定量的な予測モデルの構築が可能になっているものもある。また，海外で導入されているRIV-PACSやAUSRIVASなどシステム化された生物群集の予測モデルなども，今後の参考にできるであろう。

4.3 原因の検証と将来予測

　河川環境について保全や再生を行うかどうかを決めるためには，河川環境の劣化原因を検証し，放置すれば将来どのように変化するか予測する必要がある。

　河川環境は，洪水などの攪乱により大きく変動しながら成立している。このため，環境の悪化が特に何も手を打たなくても自然変動により回復するものなのか，そのままでは不可逆的な変化が生じて，本来の河川環境の状態から乖離していく可能性が高いのかを見きわめる必要があり，現状評価のみから，対策の実施を判断することは適当ではない。

(1) 原因の検証を行うための手法

　変化の原因を検証する方法としては，インパクト−レスポンス分析をもとに，原因と結果の時系列変化の傾向を読み取ることで定性的に分析する方法や，原因と結果を記載するシミュレーションモデルを構築し，主な原因の検証と将来の予測を行う方法がある。なお，精密検査の段階での将来予測とは「何もせず，このまま放置するとどうなるか」について予測することである。代表的なシミュレーションモデルとしては，**表-4.2**のようなものがある。

表-4.2　検証・予測に用いる代表的なモデル

分類	モデル	使用例
物理化学	熱力学モデル	水温の変化
	河床変動計算	粒度組成の変化
	水理モデル	流れ場の変化
	地形変動予測モデル	地形の変化
生物	植生消長モデル	地形の変化をベースとして植物の生育繁茂を予測
	種の存続確率（PVA）	対象種の存続（絶滅）確率
	個体群変動モデル	動植物の相互関係
	生息場の適性評価（HSI, PHABSIM）	対象種の生息適性からみた物理場の評価（環境容量）

（2） モデルによる記述の例

以下に，いくつかのモデルによる記述例を示す。

植生消長モデルは，樹林化や砂州の状態など生態系の予測に利用可能な，近年開発された手法である。図-4.9は，10年後のヨシ・オギなどの植生遷移をシミュレーションした例である。同じ手法を用いて，砂州を掘削することに

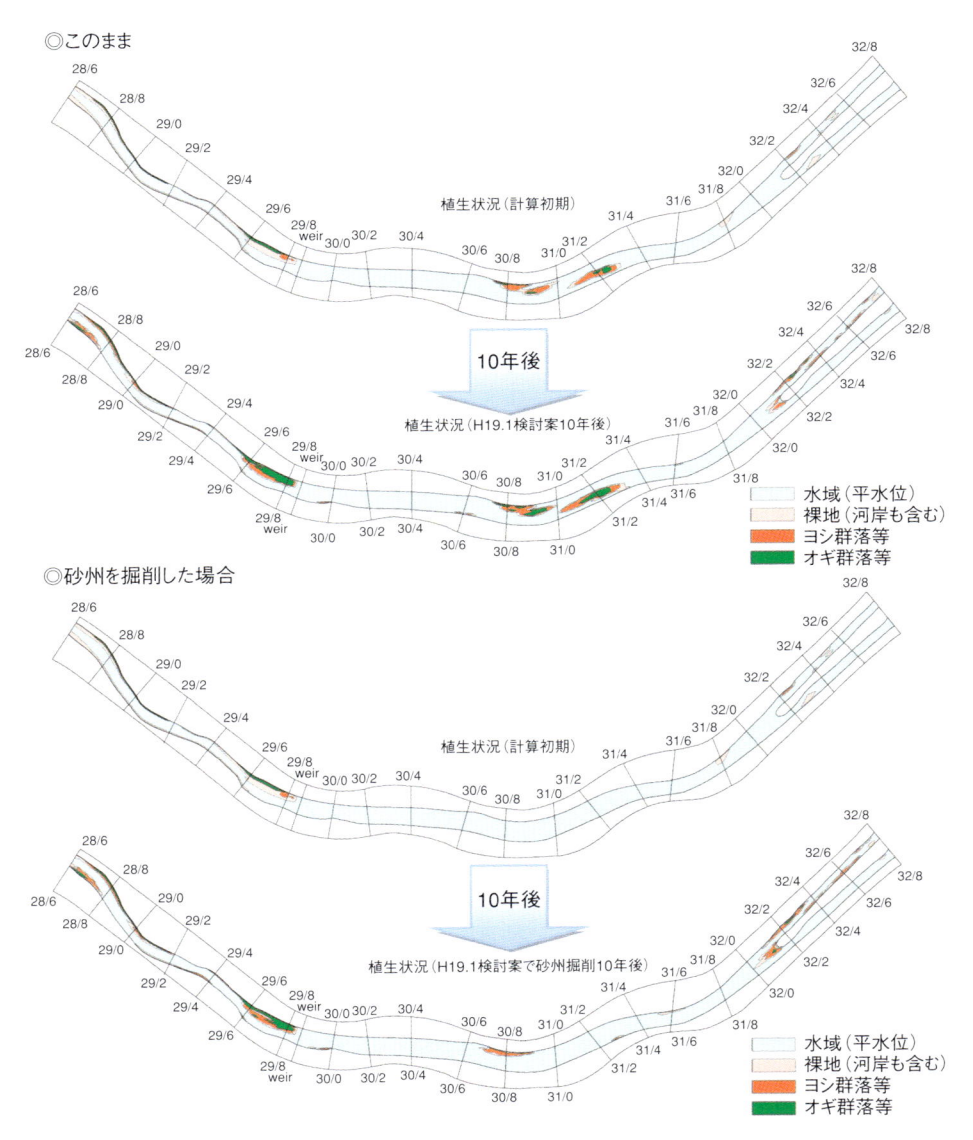

図-4.9 植生遷移の将来予測（植生消長シミュレーション）（国土交通省国土技術政策総合研究所）

より，10年後にどのような植生が成立するかを予測するなど，条件を変えた予測が可能である（図の下段）。

同様のモデルを利用して，手取川では植生域の割合に関する検討が行われている（**図-4.10**）。この例では仮に過去のダム建設がなかったとするとどのようになるか，いわば植生に関する潜在的な状態が推定されている。

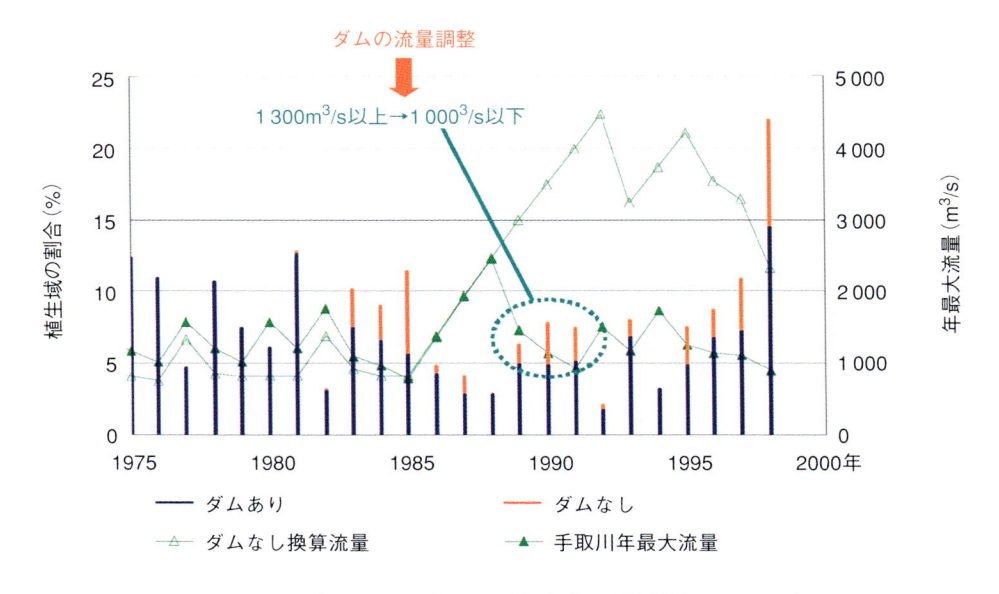

図-4.10 手取川での流量と植生変化の関係（辻本，2004）

PHABSIMは，魚類の流速や水深に対する生息場選好度（Habitat Suitability）に関する一連の計算を行うシステムである。**図-4.11**の上段のグラフは魚類（アユ，オイカワ）の生息場選好度を示している。下段のグラフのように流量から水深や流速の平面分布を計算することができ，この結果と生息場選好度から，ある魚類が生息するための環境の質を定量的に求めることができる。この結果を用いることで，流量操作の結果，魚類の生息環境がどのように変化するかを予測することができる。

付着藻類のような低次の生物についても，流量などの基本的な物理条件との関係がモデル化された事例がある（**図-4.12**）。このモデルを介して，付着藻類に依存するアユなどの魚類の予測を行うことも可能と考えられる。

人為的な操作（対策）としては，これらの事例のような流量の操作だけでなく，土砂還元，魚道整備，横断構造物や護岸の撤去，蛇行復元，水制の設置，

4.3 原因の検証と将来予測

Evaluation of "Habitat Suitability" (PHSIM or HEP)

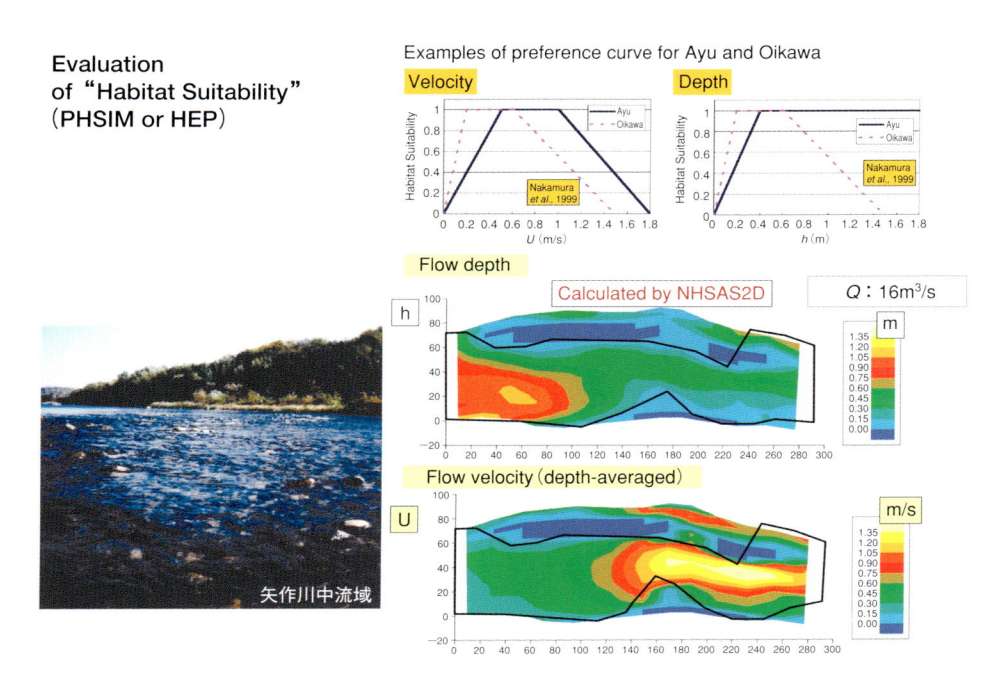

Examples of preference curve for Ayu and Oikawa

Velocity / Depth (Nakamura et al., 1999)

Flow depth — Calculated by NHSAS2D, $Q：16m^3/s$

Flow velocity (depth-averaged)

矢作川中流域

図-4.11　魚類（アユ・オイカワ）を用いた PHABSIM 解析結果（辻本，2006）

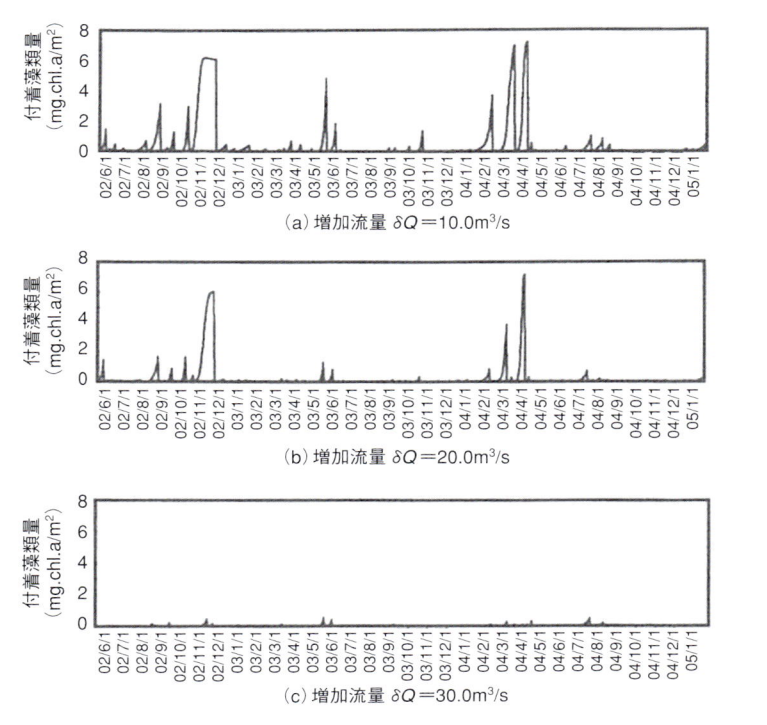

(a) 増加流量 $\delta Q = 10.0 m^3/s$

(b) 増加流量 $\delta Q = 20.0 m^3/s$

(c) 増加流量 $\delta Q = 30.0 m^3/s$

図-4.12　流量と付着藻類の関係に関する計算モデルの例　異なる流量を与えた時の付着藻類の現存量を予測した（戸田ほか，2005）

河畔林の復元，高水敷の切り下げによる河原の復元，湿地の整備，水質の浄化，生物や景観の保護管理区間の設定などさまざまなものが挙げられる。

対策はそれぞれの現場で問題の内容に応じて選択・組み合わせが行われるため，将来的にはいろいろな対策に対応できる予測手法が開発され，それぞれの効果をできるだけ定量的に予測できるようになることが期待される。

4.4 保全・再生の必要性の検討

現状の評価結果およびインパクト－レスポンス分析等から把握した問題の原因および変化の機構と，現況のまま放置した場合，または事業を行った際の将来予測を比較検討することで，環境の保全・再生の必要性，すなわち治療に関する方針を決定することができる。

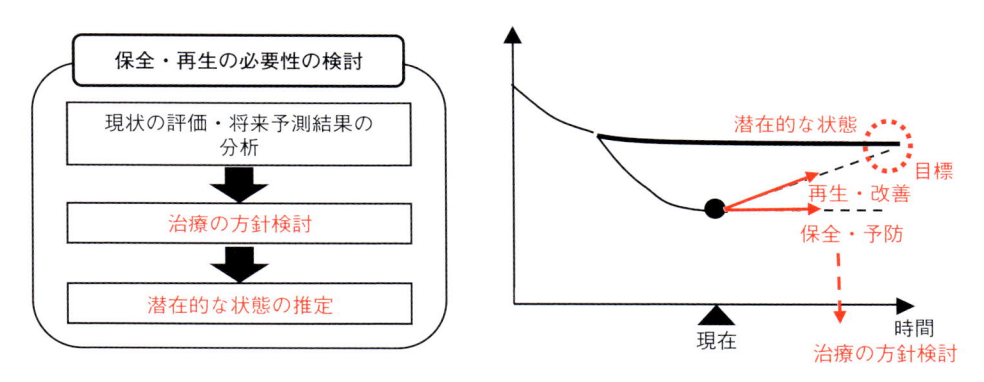

図-4.13　保全・再生の必要性の検討の流れと明らかにする内容

現状で河川環境の質が高い場所については，将来貴重なリファレンスとなる可能性があることから，保護区などとして保存を基本とし，将来環境の質が悪化する傾向が認められる場合は，何らかの保全・予防措置をとる必要がある。また，環境の質が悪化した場所は基本的には再生・改善の方向で検討するが，将来予測の結果，改善傾向や改善の可能性がある場合や，社会・経済的な制約条件などから当面様子を見るという判断をする場合もある（**表-4.3**）。

また，生物の保全（現状維持）を目標とする場合は，基本的にはノーネットロスの考え方が必要となり，生息・生育場の適性度評価（HEP）などに基づく生

息・生育場のミチゲーション手法が有効である。この検討の際にも河川環境の変動性を念頭にすることが重要となる。

表-4.3 治療の方針検討イメージ

現状の環境の質	将来の変化予測		保全・再生の必要性	治療方針
高い	↑	改善	保存	良好な環境を保護する
	→	変化なし	保存	良好な環境を保護する
	↓	悪化	保全・予防	環境を保全しつつ悪化に対する予防措置が必要
低い	↑	改善	保全	環境の改善傾向を妨げない
	→	変化なし	再生・改善	再生・改善が必要
	↓	悪化	再生・改善	再生・改善が必要

＊ 現状の位置と将来予測ベクトルの組み合わせでどのような対応を取るべきかを判断する。

第5章

治療から経過観察まで
（対策の実施やフォローアップの事例）

第5章 治療から経過観察まで（対策の実施やフォローアップの事例）

　治療の段階では，社会・経済的な面を考慮して制約条件を整理し，実現可能な具体的な対策の内容，場所などを示すこと，およびそれによって期待できる効果とその実現時期を示すことが目標となる。目標は，できるかぎり事業実施量（アウトプット指標）や効果（アウトカム指標）の具体的な項目の値で示されることが望ましいが，内容によっては定性的記述にとどまることもあり得る。

　本章では，この治療から経過観察までのプロセスを解説しているが，このプロセスは川ごと・場所ごとに環境悪化の要因や，想定している環境のスケールの違いによりプロセスそのものも異なってくるため，一般化して解説するのが難しい。そこで，5.3節では各地で行われている自然再生事業等の中から代表的な事例をピックアップし，治療に至るまでの過程と，実際に行った治療，経過観察，および今後の課題について記述した。

5.1 治療方法の選定

　精密検査の結果，環境が悪化した原因が解明され，放置していても元に戻らない，つまり不可逆的に環境が悪化していると判断される場合は，治療として何らかの人為的な働きかけを行う必要がある。

　この治療の処方箋を検討するには，さまざまな対策案の中から，社会・経済的制約も加味した効果的な対策を選定する必要があり，モデル等を用いたシミュレーションによる複数案の比較検討が効果的である。

(1) 予測を行う主な手法

　対策の実施段階では，どのくらいの治療をすればどの程度の効果があるのか，将来予測を行い，複数の案を社会的な視点も踏まえて比較検討する必要がある。

　予測手法としては，治療に対する環境の反応特性を数値モデル等で表現し，定量的に評価できるものが望ましい。評価手法と予測手法の関係を整理すると図-5.1のようになる。目的や指標に応じてこれらの手法を適宜組み合わせることで，評価項目と治療との関係が明らかにできる。なお，インパクト－

5.1 治療方法の選定

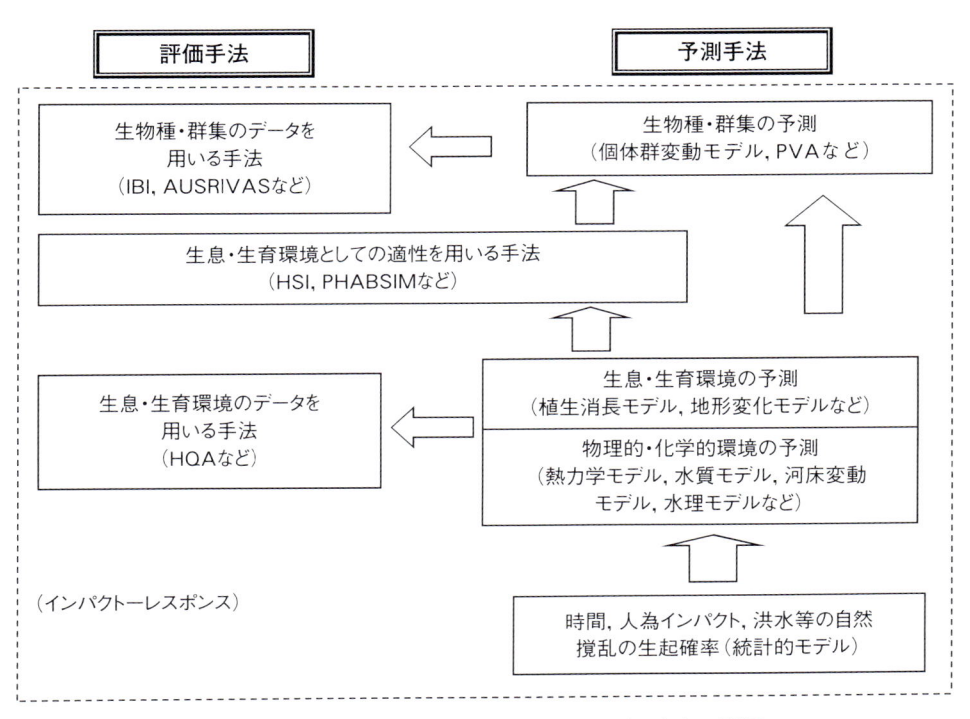

```
┌─ 評価手法 ──────────────    予測手法 ─────────────────┐
│                                                              │
│  ┌──────────────┐         ┌──────────────────┐  │
│  │ 生物種・群集のデータを │ ←────── │ 生物種・群集の予測        │  │
│  │ 用いる手法          │         │ (個体群変動モデル, PVAなど) │  │
│  │ (IBI, AUSRIVASなど)  │         └──────────────────┘  │
│  └──────────────┘                   ↑              │
│                                                ↑              │
│         ┌──────────────────────────┐         │
│         │ 生息・生育環境としての適性を用いる手法   │         │
│         │ (HSI, PHABSIMなど)                │         │
│         └──────────────────────────┘         │
│                        ↑                                     │
│  ┌──────────────┐    ┌──────────────────┐    │
│  │ 生息・生育環境のデータを │ ←── │ 生息・生育環境の予測        │    │
│  │ 用いる手法          │    │ (植生消長モデル, 地形変化モデルなど)│    │
│  │ (HQAなど)          │    │ 物理的・化学的環境の予測       │    │
│  └──────────────┘    │ (熱力学モデル, 水質モデル, 河床変動 │    │
│                              │ モデル, 水理モデルなど)        │    │
│                              └──────────────────┘    │
│                                         ↑                     │
│   (インパクト-レスポンス)           ┌──────────────┐     │
│                                   │ 時間, 人為インパクト, 洪水等の自然│     │
│                                   │ 撹乱の生起確率 (統計的モデル)  │     │
│                                   └──────────────┘     │
└──────────────────────────────────────────────┘
```

図-5.1 将来予測における予測手法と評価手法の関係

レスポンスはこれらのモデルの基礎となる定性的な予測手法ととらえることができる。

この図における予測手法の入力条件の一つとして，想定した複数の具体的な対策の内容(例えばある生物の生息場を何ヘクタール確保するというような具体的な内容)を入力することで，出力される結果(○年後には○個体以上のA種が生息することが期待される)や，その対費用効果などから適切な処方箋を見いだすことができる。

生物や群集の予測や評価の基礎となるのは物理的・化学的環境の変化を予測するモデルである。例えば，河畔林の変化から水温の変化を計算する熱力学的なモデルや，河床材料の粒度組成などを予測するモデル(河床変動計算)，流れの予測を行う水理モデルなどさまざまなものがすでに存在する。これらを基礎として植生の消長を予測するモデルや河岸侵食などの地形変化を予測するモデルも開発されている。

一方，ある生物や生物群集の量的な変化を予測するモデルとしては，動植物の現在の生息数や繁殖成功率，生息地の縮小・分断などが及ぼす影響，確率

的に発生する自然撹乱要因なども考慮して種の存続確率を分析する手法（PVA），動植物の相互の関係などを考慮した個体群変動モデルなどが利用可能である。

両者の中間に位置し，また，予測手法でもあり評価手法でもあると考えられるものに，物理環境の変化から生物の生息・生育場としての適性を予測・評価する HIS モデル，PHABSIM などがある。これらは，生物や群集の量的な変化の予測にも利用できる。

(2) 予測手法の課題

すでに開発されているシミュレーションモデルなどを基本として，より広範な物理環境や生物の将来を予測するモデル，とくに物理環境の変化と生物の関係性を表現するモデルの開発や実用化が望まれる。物理環境の変化を表現する既存のモデルと，物理環境の変化の予測から生物の反応を予測する既存のモデルを相互に結合させるようなアプローチが今後必要となる。

一方，河川環境は，生物の生息基盤である物理環境自体の変動が大きいこと，また，環境の変化に対する生物の反応が直線的な相関関係であることは少なく，ある環境のレベル（閾値）に達すると突然変化が発現（レジームシフト）することが多いことを考慮してモデルの構築を進める必要がある（図-5.2）。また，生物ではその生活史の長さや繁殖の頻度なども考慮して予測を行う必要がある（図-5.3）。

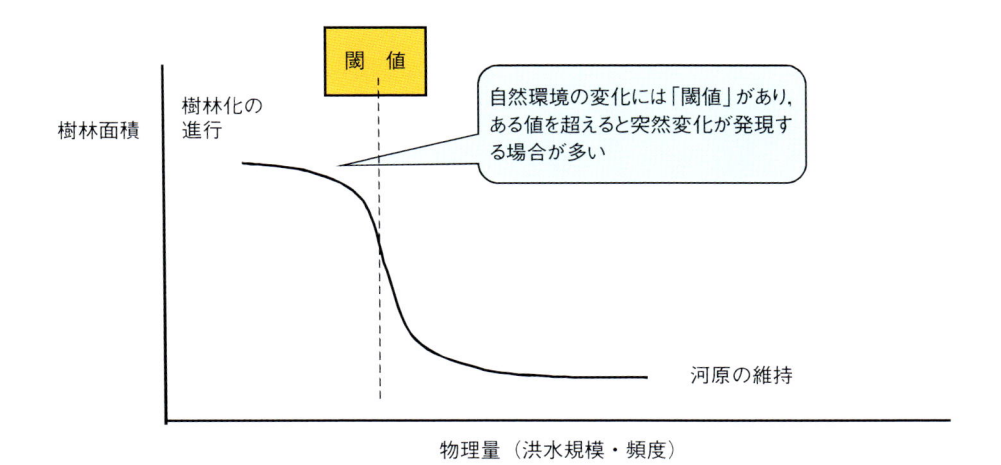

図-5.2　自然環境の変化と閾値のイメージ

①通常の状態　　　　　　　　　　　②環境の変化が原因となり，再生産が行われなかった場合

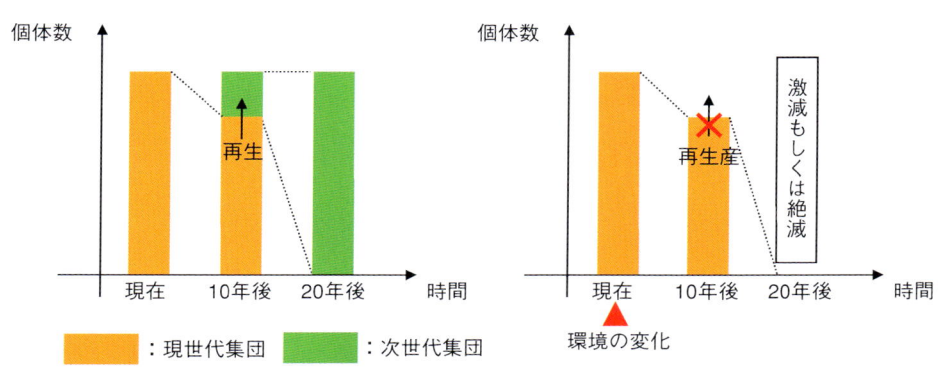

図-5.3　生物の再生産を考慮した将来予測のイメージ

　精密検査の段階とは異なり，「治療」の段階では，河川の物理環境をどれくらい人為的に操作するかを決める必要がある。人為的な操作の程度（例えば，流量調節の程度や土砂の投入量，水質処理量，蛇行の復元箇所数など）が，どのような物理環境の変化をもたらし，それによって生物がどのように応答するかがある程度定量的に明らかになっていれば，効果を複数の案で具体的に比較することが可能となる。また，人為的な操作の程度は，同時にどんな社会的影響（治水や利水への影響も含む）をもたらすか，また操作にどの程度のコストがかかるかについて想定することができる。

　この関係を逆にたどることにより，ある生物の数や多様性などの目標値を達成するために必要な物理環境の変化量を導き出し，この物理環境の変化量を達成するために必要な人為的な操作（施工や管理）を求めることもできる。

　したがって予測手法としては，人為的操作と生物の反応の関係を定量化できるモデル，すなわち生物の生息を規定している物理・化学的環境条件を効果的に予測するモデルの開発，生物の生息適合条件モデル（とくに河川を代表するような生物の環境条件の解明）の開発，さらには環境条件の変化と繁殖・死亡・移動といった個体群動態や群集構造を結びつけるモデル・システムの開発が今後の課題である。

5.2 経過観察

　人為的な働きかけに対して自然は予想どおりに変化するとは限らないため，治療後には注意深く経過観察を行う必要がある。

　また，対策の内容によっては，別の好ましくない環境影響が生じる場合も考えられることから，対策を実施することによる環境への影響予測も実施することが望ましい。また，これらの予測結果には，必ず不確実性が含まれていると考えるべきである。そこで，この段階においては，順応的管理（アダプティブマネージメント）の考え方に基づき，予測結果と異なる結果が生じた場合には，どのような対処方針を取るかをあらかじめ決めておき，モニタリング計画を策定することが重要である。

　モニタリング計画の内容に順応的管理によって対策の内容を見直すことを織り込む場合には，指標に対して「許容される可逆的な変動幅」を設定し，手直しを行う際のフィードバック基準とすることが考えられる（図-5.4）。現在のところ，この変動幅を客観的に決定する方法はないが，対策の実施（施工）以前に一定期間のモニタリング結果があれば，その変動幅を適用できる可能性がある。

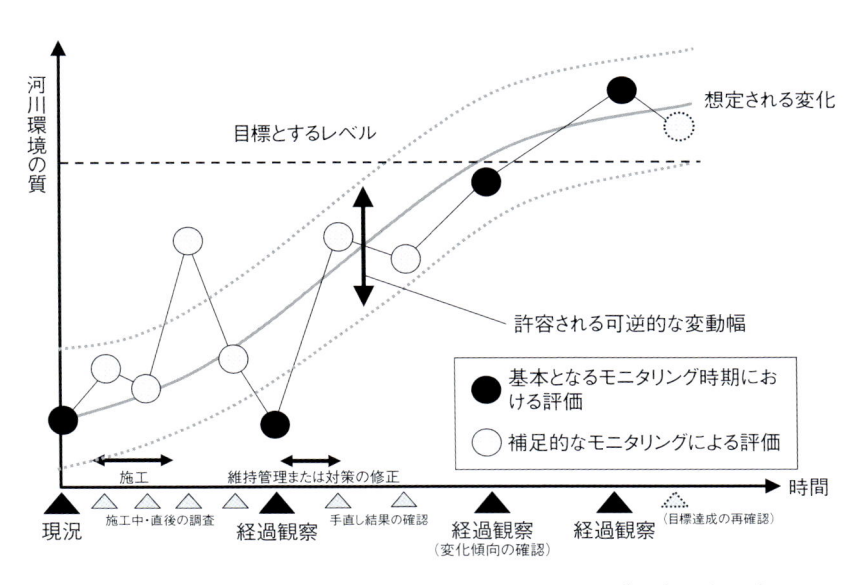

図-5.4　施工（対策）後の環境の変化とモニタリング調査の進め方

5.3 治療プログラムの事例

5.3.1 自然再生事業等での治療方針の設定例

全国で行われている自然再生事業や，環境に配慮した事業の代表的な例について，目標設定と診断項目，目標の達成方法（治療方針）の概要を**表-5.1**にまとめた。なお，この表の内容は既存のレポート等をもとにしているが，著者らが一部を想定して記載している。

表-5.1 河川環境の目標設定と手法の事例

対象河川と事業	目的（長期的な視点）	目標（短期的・具体的な視点）	評価軸・リファレンス	目標設定の過程およびその後の流れ	目的達成のための方法（方向性）
釧路川 **自然再生**	ラムサール条約登録（1980）年当時への環境の回復（1980年前後から湿原面積の減少および質的な変容が大きく進んでいること。ラムサール条約登録湿地の指定時点）。	湿原面積や湿原の質的変化を指標するハンノキ林面積を現状（2000年現在の湿原の状況）のまま維持（現在も急速な悪化傾向が進んでいるため，現状維持が目標として意味がある）。 ＜目標達成のための数値目標＞ 流域および河川から湿原に流入する土砂や栄養塩などの負荷量を20年前の水準に戻す（20年前の負荷量は，過去の土地利用や数値モデルから推定）。 ・流入粗粒土砂量を現状から4割軽減 ・流域からの負荷量を概ね2割軽減（指標：窒素） ・裸地・荒廃地面積を当面2割減少	・湿原面積 ・ハンノキ林面積 ・負荷量（流入土砂，窒素等）	環境の現状の把握 ↓ 課題の抽出 ↓ **目標の設定** ↓ 目標達成のための施策の検討 ↓ パイロット事業の実施	目的達成のための方法として，12の具体的施策が示されている。 環境省によるパイロット事業（5地区）が実施されている（各地区毎に調査・再生事業を試行）。
多摩川（永田地区） **自然再生**	環境上，治水上の課題を改善し，川の本来の状態が維持される状態を取り戻す。	・カワラノギクなどの河原固有生物の保全 ・扇状地の川にふさわしい多様性の保全	現状および航空写真からわかる近い過去の状況。 ・河原率 ・カワラノギク（株数・分布） ・カワラバッタ（個体数），イカルチドリ（営巣数）	歴史的変遷および課題の整理（環境上治水上） ↓ **目標の設定** ↓ 生態系復元の取り組み ↓ 効果の検証（モニタリング）	生態系復元の取り組みとして，礫河原の再生を行う。 ・高水敷の掘削 ・ハリエンジュ除去，表土はぎ取り ・カワラノギクの緊急的な保全対策の実施（絶滅の回避）

表-5.1 のつづき

対象河川と事業	目的（長期的な視点）	目標（短期的・具体的な視点）	評価軸・リファレンス	目標設定の過程およびその後の流れ	目的達成のための方法（方向性）
高梁川（小田川） 河道掘削	河積確保目的で実施する河道掘削による環境への影響の回避・低減。	重要な環境とされたゾーンの維持。	環境の重要度を評価基準（多様性・希少性・典型性・代償の不確実性）から4ランクに区分して評価。	環境の現状と変遷の把握・ゾーニング ↓ 重要度のランク区分(ゾーン別) ↓ 計画案の検討・評価 ↓ 保全措置の検討	重要度のランクと計画案の重ね合わせから、影響の回避・低減に向けた保全措置を検討。
松浦川（アザメの瀬） 自然再生	河川沿いに細長く平地が連なる河川の氾濫原的湿地の自然再生。人と生物のふれあいの再生。	・氾濫原的湿地環境を再生し、松浦川に普通に見られた生物を増やす ・人と生物のふれあいの再生	[モニタリング項目] 本流：氾濫原に依存している魚種の割合、稚魚の豊富さ。 アザメの瀬：魚類の産卵状況、植生、堆積土の状況、水質・水量。	流域の特徴を整理 ↓ 問題点の抽出 ↓ 目標の設定 ↓ 目標達成のための方法の検討	目的達成のための方法 ・氾濫システムの再生 ・シードバンク手法による植生再生 ・住民が主体となった管理運営 ・昔の自然とともにあった暮らしの再生 ・子ども達が生物とふれあう場
北川 災害復旧 河川改修	激特事業として実施される河川改修による生態系への影響を可能な限り軽減する。現況の河川環境は可能な限り保全するが、改変の必要な場合は保全措置等により影響を最小限にとどめる。	<河川改修計画> ・多様な生物の生息場である水域・水際部ではなく、高水敷を掘削することにより、洪水流下能力を確保する ・樹林群の保全・伐採については、「北川に本来ある樹木か」、「治水や生物生息機能」等の観点に基づき検討する ・高水敷の掘削高は樹木繁茂や洪水時河床変動の影響の観点から、平水位＋1m程度とする <生態系復元事業> ・絶滅のおそれのある生物や北川に特徴的な希少生物の存続をはかる ・下流域の典型的な河岸植生であるヨシ群落の掘削にあたり、移植による復元を行う	<河川改修計画> ・環境改変の程度 ・注目すべき生物種等の生息・生育場に与える影響の程度 <生態系復元事業> ・植物および昆虫の希少種（クサビヨコバイ） ・移殖地、人工ワンドの状況	現地調査等により環境の特徴を把握（情報図の作成） ↓ 治水効果，環境への影響を総合的に評価 ↓ 改修計画案の検討(治水・環境面から総合評価)生態系復元事業の検討 ↓ 事業の実施 ↓ 河道の安定性の評価・モニタリング	<生態系復元事業> 工事計画の調整による現地保存。移殖等の保全対策。

表-5.1 のつづき

対象河川と事業	目 的（長期的な視点）	目 標（短期的・具体的な視点）	評価軸・リファレンス	目標設定の過程およびその後の流れ	目的達成のための方法（方向性）
鬼怒川 自然再生	鬼怒川上流部における「望ましい姿」に沿った河川環境の整備と保全。	・高水敷掘削による礫河原の復元 ・カワラノギクの保全 ・地元自治体および地域の市民との協議と協働 ・供給土砂のコントロール	鬼怒川上流部の「望ましい姿」(大規模な改修が行われる以前の人為的な影響が少なかった頃の「もともとの川」の姿（河川形状や河川環境）を参考に設定）	環境の現状と変遷を把握 ↓ 課題の抽出 ↓ 目標の設定 ↓ 整備計画の検討 ↓ 段階的施工・管理 ↓ モニタリング・評価	高水敷掘削による礫河原の復元実験を実施。環境が復元するまでの緊急措置として、河原固有種であるカワラノギクの保全措置を実施。
円山川 災害復旧 自然再生	「コウノトリと人が共生する環境の再生を目指して」をテーマに、多様な生物の生息・生育場の復元を目指す。	＜流域における自然再生の目標＞ 〜エコロジカルネットワークの保全・再生・創出〜 ・湿地、山裾の保全・再生 ・河川と水田と水路と山裾の連続性の確保 ・良好な自然環境の保全・再生・創出 ＜河川における自然再生の目標＞ ・特徴的な自然環境の保全・創出 ・湿地環境の再生・創出 ・水生生物の生態を考慮した河川の連続性の確保 ・人と河川との関わりの保全・再生・創出	場の特徴や整備の内容に応じて評価指標を具体化し、それに着目した調査を実施することが効果的である。そのため、「技術部会」(仮称)を設置し、指導・助言を得る。なお、モニタリング結果は、公表を前提とし、効果的な評価や利用のしやすさのため、一元的に管理し、データベース化を進める。	環境の現状の把握 ↓ 課題の整理 ↓ 目標の設定 ↓ 整備の方針・計画の検討 ↓ 自然再生計画の策定 ↓ 事業の実施 ↓ 順応的・段階的なモニタリング	コウノトリをシンボルとした地域づくり。課題（湿地環境の減少、環境遷移帯の縮小、瀬・淵の減少、河川や河川と水路の連続性の低下、河道のショートカット、河岸の単調化等）に対して、整備方針を設定し、整備計画を検討中。現在、台風23号の水害により、激特事業を計画中。今後その事業も考慮した上で計画を見直す予定。
木曽川 自然再生	現存する自然環境を極力保全。洪水が安全に流下するのに影響のない範囲での自然再生（治水・利水面から、河川改修前の自然環境を取り戻すことは困難）。	・干潟の再生 ・ヨシ原の再生・保全 ・ワンドの保全 ・貴重植生の保全	[モニタリング項目] ・干潟の物理的条件、生物生息状況 ・ヨシ原の物理的条件、生物生息状況 ・ワンドの物理的条件、生物生息状況 ・貴重植生の生育状況	環境の現状を把握 ↓ 問題点の抽出 ↓ 目標の設定 ↓ 順応的・段階的な整備 ↓ モニタリング・評価	目標達成に向けた方針を検討し、順応的・段階的な取り組みを実施中。

注）本資料はレポート等を下敷きにして著者が作成したものであり、レポートの内容に必ずしも対応していない。

第5章 治療から経過観察まで（対策の実施やフォローアップの事例）

　自然再生事業を行っている釧路川，多摩川，松浦川，鬼怒川，円山川については，いずれも過去のかつて自然が豊かだった時代の姿を目指すべき目標として設定しており，過去と現在の対比から劣化したり失われた環境を明確にし，ある程度具体的な目標を立てた上で，治療を行っている点が共通する。また，治療および経過観察については，いずれも自然の反応をみながら進めるアダプティブマネージメントの考え方をもとに行っている。また，経過観察の進め方については，松浦川のように積極的に住民参加を取り入れる例や，円山川のように再生事業自体を地域づくりに組み込んだような事例もみられる。

　環境に配慮した河川改修事業である高梁川や北川については，保全すべき環境がどういったものかを考える道筋を立てる際，工夫が施されており，ともにその川にとって重要な環境の優劣を決めた上で環境の重要性を決め，より重要な環境を積極的に保全するという治療方針を導き出している。

5.3.2　多摩川における事例

（1）　多摩川永田地区自然再生事業の概要

　多摩川永田地区は，かつては礫河原が広がり，カワラノギクやカワラバッタなど河原に固有な生物が生息・生育する場所であった。しかし，近年ではそうした河原環境に大きな変化が生じてきた。

図-5.5　多摩川永田地区（国土交通省京浜河川事務所，2006）

永田地区においては，1960年代中盤までの大規模な土砂採取や，上流部への治水・利水施設設置による土砂供給量の減少，流水の安定化による河原の冠水頻度の低下などが複合的に影響して澪筋の固定化と河床低下の進行がすすみ，かつてみられた礫河原はハリエンジュを始めとした植物に広く覆われてしまった。この変化に伴い，扇状地特有の地形とそれにふさわしい動植物の多様性が失われるといった環境上の問題と同時に，河床低下の進行による堤防洗掘のおそれや河道内の樹林化による流下阻害・流木化のおそれなど，治水上の問題も指摘されるようになった。

　このようななか，河川生態学術研究多摩川研究グループを中心に，「カワラノギクなどの河原固有生物の保全」，「扇状地の川にふさわしい多様性の保全」の2つを環境目標とし，川本来の状態が維持されるように，礫河原の再生試験とモニタリング調査による効果の検証が行われている。

(2) 経　緯

　多摩川はカワラノギクが生育する関東で数少ない河川である。また急速に樹林化が進んできた扇状地河川であることから，河原再生の必要性が叫ばれてきた。航空写真で永田地区における経年変化を確認すると，1970年代までは礫河原の扇状地河川であり，浅い澪筋が複数できる単断面河道であった。しかしその後，流路の河床低下により複断面河道へと変化するのに伴い，それまでみられた扇状地河川特有の河原は減少し，高水敷化した部分にハリエンジュ等の樹木が急激に増加している実態が明らかとなった(**図-5.6**)。樹林化が多摩川の本来の姿なのかどうかを確認するため，指標として礫河原率や，カワラノギクの群落面積を用いて経年的な変化を比較したところ，昭和51年を基準としたとき，礫河原率が減るに従って，カワラノギク群落が減少していったということが明らかとなった(**図-5.7**)。また，これらの原因について分析を行ったところ，高度成長期の大量の土砂採取，上流からの土砂供給量の減少により，澪筋の固定化，河床の低下，河道の複断面化が起こり，その結果として樹林化や河原の減少などが引き起こされたと推測された(**図-5.8**)。さらに，対策を行わなかった場合に将来どのような変化が起こるのかを予測したところ，樹林は洪水が起こっても破壊されないことが予想され，環境面では河原および河原性の希少生物の減少等が，治水面では河床低下による堤防洗掘や樹林化による流下阻害，流木化等の問題が生じる恐れが示唆された。

第5章 治療から経過観察まで（対策の実施やフォローアップの事例）

図-5.6　永田地区の経年変化（上：1974年，下：1995年）（国土交通省京浜河川事務所，2006）

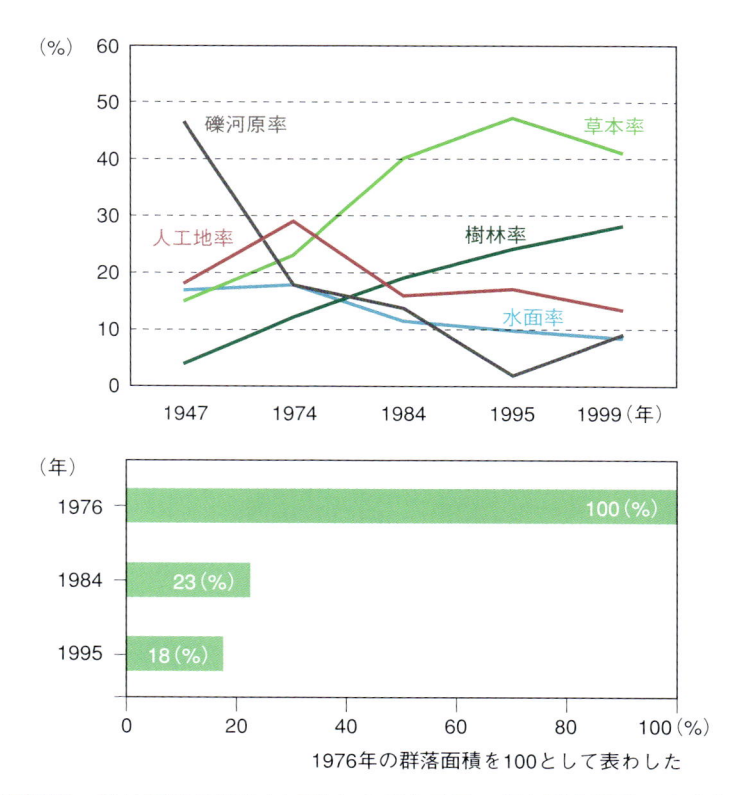

図-5.7　河原率，樹林率等の変化（上図）およびカワラノギク群落面積の変化（下図）（国土交通省京浜河川事務所，2006）

① 1974年（洪水直後）

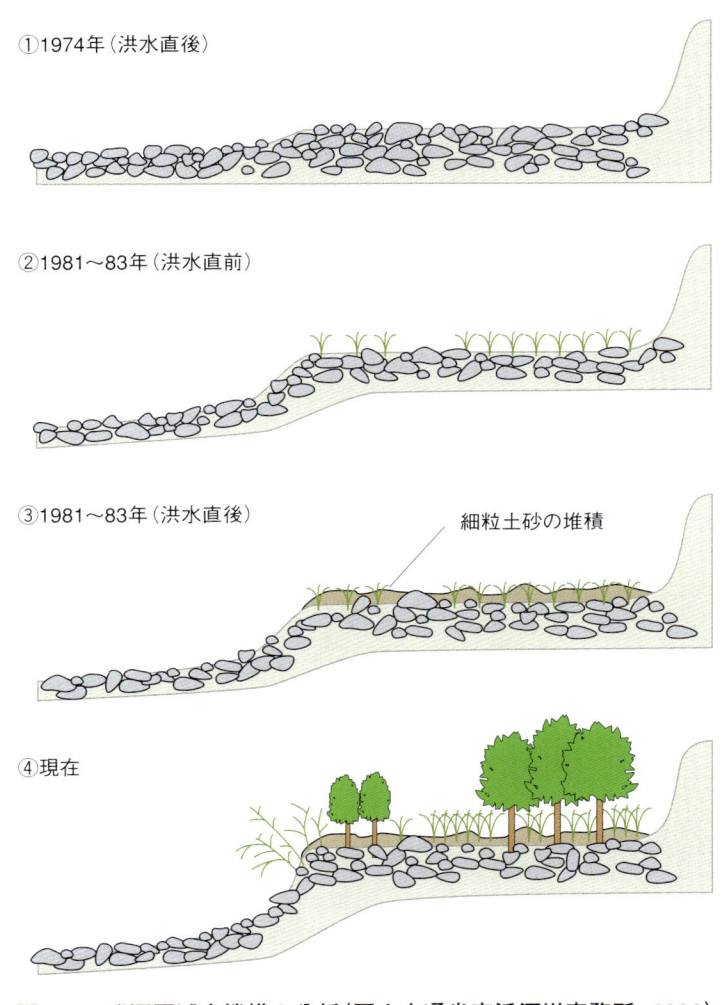

② 1981～83年（洪水直前）

③ 1981～83年（洪水直後）　　細粒土砂の堆積

④ 現在

図-5.8　礫河原減少機構の分析（国土交通省京浜河川事務所，2006）

　以上の分析を踏まえ，多摩川自然再生事業の目標をどのように立てればいいのかという議論が行われた結果，1970年代の景観レベルに戻すことが提案された。また，事業の目標設定に必要となる指標については，変化が量として表現できることや過去からの変遷がデータとして把握できるといった観点が重要視され，河原率や植生面積が選定された。事業の実施については，緊急的なカワラノギクの保全と長期的にカワラノギクが自生する礫河原の形成などの観点より段階的な施工が採用された。

　本事業実施の流れを**図-5.9**に示す。河原の減少によるカワラノギク生育環境の喪失や急激な樹林化等の理由により多摩川への保全対策が必要とされた

第5章 治療から経過観察まで（対策の実施やフォローアップの事例）

こと，航空写真等による情報の収集・整理，現状の評価が行われたことは，本書において人の健康診断になぞらえた内の集団検診段階に相当すると考えられる。精密検査段階では，生物と河原率の変化との関係が分析されており，樹林化が進んだ場合の将来予測が行われ，環境面や治水面での問題点が指摘された。以上の結果を踏まえ，治療段階においては，問題点の抽出，対策の必要性が検討され，河原率などの指標を用いた目標の設定が行われた。また実際の事業実施に際しては，カワラノギクの緊急的な保全と長期的な生育場の造成を目的に段階的な施工が採用された。その後は，モニタリングによる経過観察が行われている。

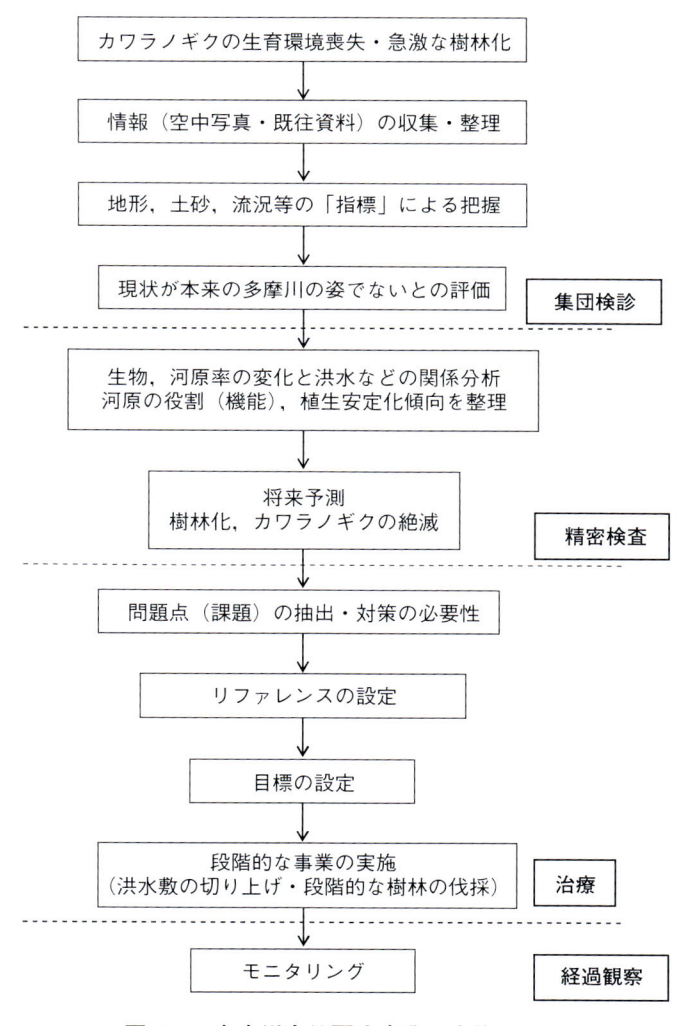

```
┌─────────────────────────────┐
│ カワラノギクの生育環境喪失・急激な樹林化 │
└──────────────┬──────────────┘
               ↓
┌─────────────────────────────┐
│ 情報（空中写真・既往資料）の収集・整理 │
└──────────────┬──────────────┘
               ↓
┌─────────────────────────────┐
│ 地形，土砂，流況等の「指標」による把握 │
└──────────────┬──────────────┘
               ↓
┌─────────────────────────────┐
│ 現状が本来の多摩川の姿でないとの評価 │  [集団検診]
└──────────────┬──────────────┘
               ↓
┌─────────────────────────────┐
│ 生物，河原率の変化と洪水などの関係分析 │
│ 河原の役割（機能），植生安定化傾向を整理 │
└──────────────┬──────────────┘
               ↓
┌─────────────────────────────┐
│ 将来予測                         │  [精密検査]
│ 樹林化，カワラノギクの絶滅         │
└──────────────┬──────────────┘
               ↓
┌─────────────────────────────┐
│ 問題点（課題）の抽出・対策の必要性 │
└──────────────┬──────────────┘
               ↓
┌─────────────────────────────┐
│ リファレンスの設定                │
└──────────────┬──────────────┘
               ↓
┌─────────────────────────────┐
│ 目標の設定                       │
└──────────────┬──────────────┘
               ↓
┌─────────────────────────────┐
│ 段階的な事業の実施                │  [治療]
│ （洪水敷の切り上げ・段階的な樹林の伐採） │
└──────────────┬──────────────┘
               ↓
┌─────────────────────────────┐
│ モニタリング                     │  [経過観察]
└─────────────────────────────┘
```

図-5.9　多摩川自然再生事業の実施フロー

(3) 治療・経過観察

礫河原の再生は，総合的な取り組みを官民協働で実施することとされ，以下に示す3つのステップで行われた。

① 高水敷の掘削
② ハリエンジュの除去，表土はぎとり
③ 河原固有生物の緊急的な保全策の実施

また，再生した礫河原は，洪水による攪乱と礫河原の維持の関係を把握するため，さまざまな冠水頻度がみられるよう，**図-5.10**に示すように5つの工区に分けて造成された。A工区においては，カワラノギクの群落維持が目的とされており，5年に1回程度の頻度で冠水するように掘削された。保全地が本来の河原よりも一段高い高水敷上に設定されたのは，カワラノギクの個体数が激減している現状では，出水時にカワラノギクの流失が起こると復元するのに十分な種子が供給されないことから，出水時の流出の機会を極力少なくするために配慮されたものである。掘削後には礫面が造成され，カワラノギクが播種された。B工区においては多様な冠水頻度を持つ礫河原を造成することを目的に，A工区とC工区をつなぐように掘削が行われ，掘削後には礫河原が造成された。C工区，D工区においては攪乱の頻度が高くなる(低水敷と同様の)高さに掘削され，C工区では礫河原を造成，D工区では掘削のみとされた。E工区は，周囲とのすりつけ範囲とし，礫河原の造成は行わなかった。なお，すべての工区でハリエンジュの伐採・抜根が行われた。敷設する土砂には，上流の小作堰に毎年堆積する土砂が利用され，10 cm × 15 cm の目のバケットでふるった後に1層に敷きつめられた。敷設方法は，事前に5種類の礫河原(土砂を除去したまま，大きな礫1層，小さな礫1層，取水堰堆積物(細粒)，大きな砂礫3層)についてカワラノギク実生の出現状況を実験し，カワラノギクの生育に適した礫河原環境を検討した結果である。また実際の造成事業は，カワラノギクの生育状況をモニタリングしながら，段階的に実施された。

永田地区の礫河原再生は，平成14年の春に終了し，その後，生物や地形変化などの詳細なモニタリング調査が行われている。その結果，カワラノギクの保全のため，新たな個体群の育成を行ったA工区を含め，礫河原造成地区全体で，平成16年秋には10万株あまりのカワラノギクが開花した。また，イ

第5章 治療から経過観察まで（対策の実施やフォローアップの事例）

工事概要
施工面積　2.11ha
施工期間　平成13年2月〜平成14年3月
工事費　77 000 000円

A工区
5年に1回の冠水頻度の高さに掘削
数年間，カワラノギク群落を維持するため，5年に1回程度の冠水頻度の高さに掘削

B工区
平均年最大流量での冠水頻度を持つように掘削
多様な冠水頻度を持つ場所を設けるため，A工区とC工区をつなぐように掘削

C工区
撹乱の頻度が高くなるよう，低水敷と同じ高さに掘削
洪水時に砂がたまりにくく，礫河原の状態が維持されるよう，施工前の河原と同じ高さに掘削

D工区

E工区
周囲とのすりつけ範囲

高水敷掘削

ハリエンジュ除去　全工区においてハリエンジュの伐採，および抜根を実施

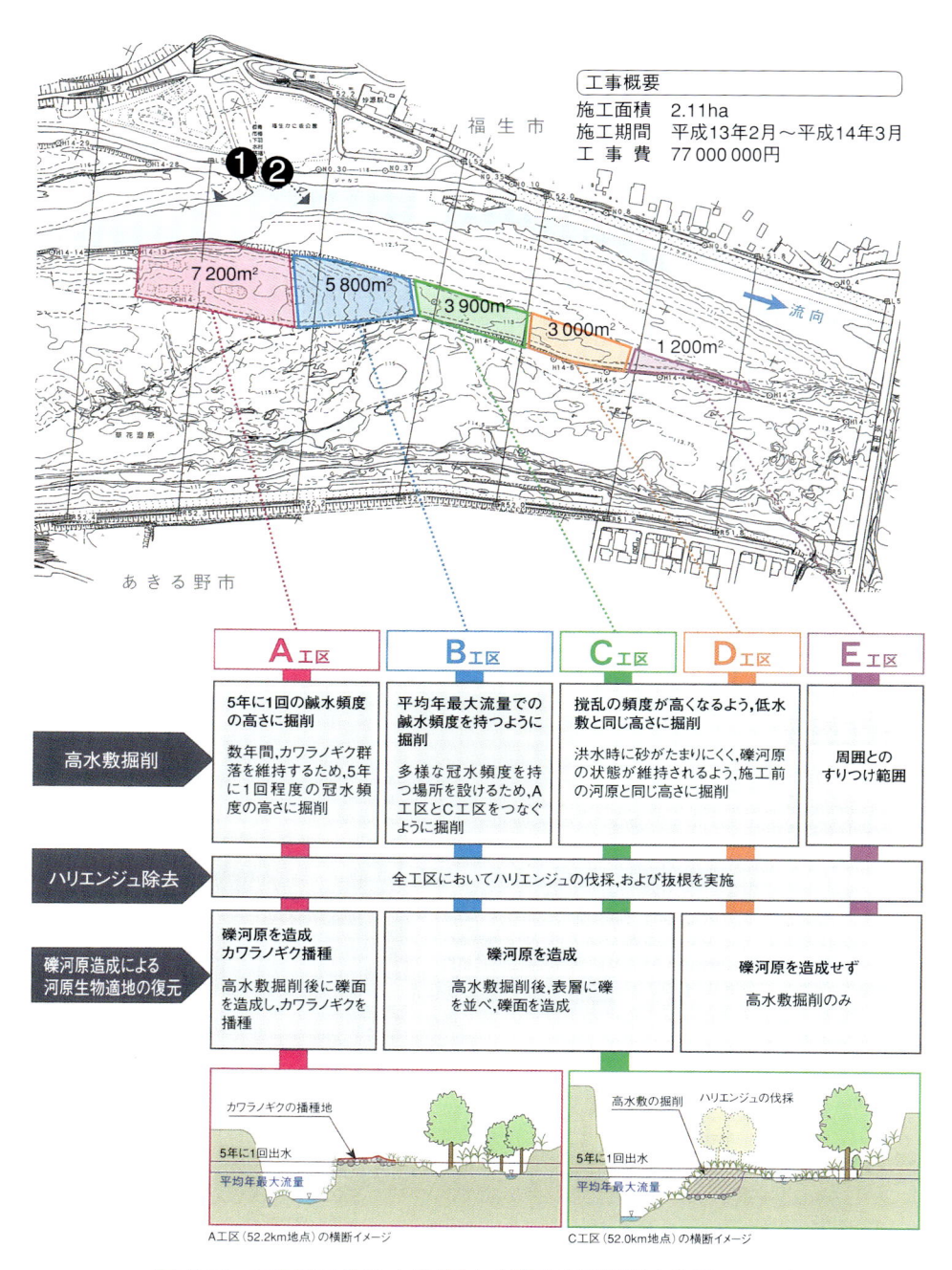

礫河原造成による河原生物適地の復元
- 礫河原を造成 カワラノギク播種：高水敷掘削後に礫面を造成し，カワラノギクを播種
- 礫河原を造成：高水敷掘削後，表層に礫を並べ，礫面を造成
- 礫河原を造成せず：高水敷掘削のみ

図-5.10　工区別の実施方針（国土交通省京浜河川事務所，2006）

カルチドリの確認個体数が礫河原造成後の平成14年以降に増加し（**図-5.11**），カワラバッタの個体数についても造成後に大幅な増加がみられるなど（**図-5.12**），礫河原の面積増加が礫河原に依存して生息する生物にプラス要因とし

て働いたと考えられる．

　今後は河床低下の緩和，扇状地の川にふさわしい多様性の高い河川形態の造成や低水路の拡幅など，河床上昇対策を実施する予定となっている．

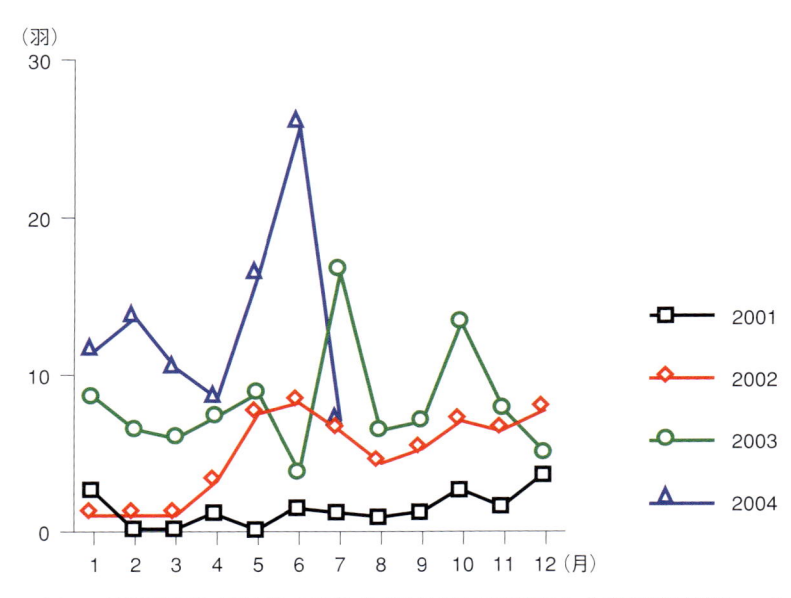

図-5.11　イカルチドリ月平均個体数の変化（河川生態学術研究会多摩川研究グループ，2006）

(a) チドリ類営巣数

(b) カワラバッタ推定個体数

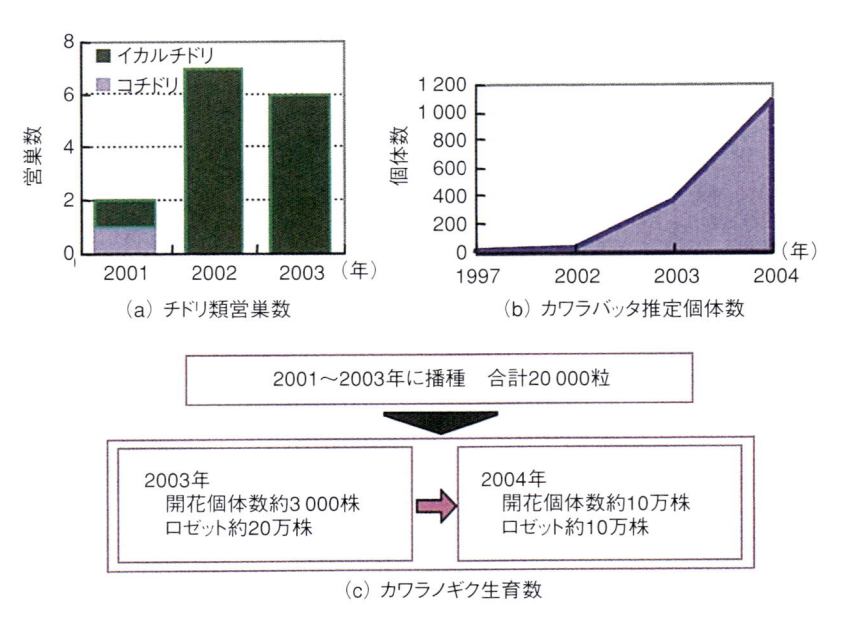

2001〜2003年に播種　合計20 000粒

2003年
開花個体数約3 000株
ロゼット約20万株

2004年
開花個体数約10万株
ロゼット約10万株

(c) カワラノギク生育数

図-5.12　チドリ類の営巣数・カワラバッタ推定個体数・カワラノギク生息数の変化（海野ほか，2006）

(4) 今後の課題

今回の事業は，永田地区という限られた範囲で行われた事業であるため，その成果を，多摩川全川，とりわけ扇状地の広い範囲についてどのように当てはめるのか，永田地区以外での"治療"は必要であるかどうかが検討課題となっている。

また，永田地区においても，礫河原再生後も生育適地が限られることによりカワラノギクが安定的に生育できず，継続した維持管理が必要なことが課題となっている。

5.3.3 標津川における事例

(1) 標津川自然再生事業の概要

かつて，大きく蛇行を繰り返しながら流れていた標津川では，治水や周辺の土地利用開発を目的に河道の直線化が進められ，地域の発展に大きく寄与した。その一方で，かつて蛇行河川や湿地・氾濫原でみられた標津川らしい自然環境が失われつつあった。

そこで，「かつてみられた標津川らしい環境を取り戻す」ことを環境目標とし，標津川に残されている旧流路（三日月湖）を利用して，治水安全度や周辺の土地利用と調和しつつ再蛇行化を図るなどの取り組みが，大規模自然再生事業のモデルケースとして進められている。

(2) 経 緯

a. 長期的な目標の設定

標津川では，流域住民からかつてみられたイトウやシマフクロウ，ハルニレ，ヤチダモの群落が減少しているとの指摘があり，こうした種が生息・生育できるような環境を復活し，農業，漁業との共存・共栄できる河川環境を目指したいという要望があった。さらに，自然再生のモデルケースとして，再生の手がかりとなる旧川（三日月湖）が多く残っており，旧川の周りがまだ農地化されていなくて，自然再生を行うための土地に余裕があったという背景がある。

こうしたなか，地元住民や自治体，関連行政機関からなる「標津川流域懇談

会」から平成15年6月に「これからの川づくりのあり方に関する提言」が出され，自然再生の整備・保全の方向性，コンセプトなど，標津川の環境対策に関する長期的な目標が設定された。この長期目標を設定するに当たっては，歴史的変遷から現状認識を行った上で，社会的制約を加味しつつ望ましい姿を設定し，整備の方向性を決定していった。最終的には流域懇談会の意見を聞き，長期目標を設定した。

　標津川の歴史的変化を概観すると，土地利用の変化とそれに影響される河川環境の変化が明瞭に読みとれる。昭和20年代には流域の多くがすでに牧草地となっていたものの，上流の丘陵地上には自然林が多く，下流には大きく蛇行して流れる標津川を中心に広大な湿地が広がっていた。昭和50年代に入ると牧草地はさらに拡大し，中標津町など市街地化が進んだことにより河川周辺の土地開発が進み，大きく蛇行していた標津川下流部でも捷水路化により河畔林や湿地が大きく失われた。この変化は現在まで進行しており，低平地・台地は斜面も含め大部分が牧草地となり，下流域の湿地はほとんど失われてしまった（**図-5.13**）。また，治水対策として河川改修を進めてきたが，現状でも下流部に流下能力不足の場所があるなど，治水上の課題も残っている。

　これらの歴史的変化と現状をふまえ，流域懇談会からの以下の6つの提言が行われ，提言の具体的なイメージとして「昭和40年代の河川環境の復元」という目標が掲げられた。また川づくりを進めるにあたっては「順応的な事業」

昭和20年代河道

現況河道
捷水路化により屈曲部が消失した

図-5.13　標津川の河道の変化（北海道開発局釧路開発建設部）

第5章 治療から経過観察まで（対策の実施やフォローアップの事例）

を進めるべきであるという方針が打ち出された。

> ① 流域の視点からの川づくり
> ② 洪水に対する安全性の確保
> ③ 生物が生息しやすい多様な環境の保全・復元
> ④ 農業と漁業をむすぶ河川環境の創造
> ⑤ 川を通した人々のつながり
> ⑥ 川に親しみ川に学ぶ

b. 短期的な目標と治療方針の決定

　流域懇談会が示した長期的目標をもとに，学識経験者，土木工学，生態学の専門家からなる「標津川技術検討委員会」が組織され，短期的な目標と治療方針が検討された。委員会では，提言の③生物が生息しやすい多様な環境の保全・復元を行うために生態系の劣化要因の分析・対策について科学的な検討が行われた。

　短期的な目標設定の考え方としては，「かつて見られた豊かな河川環境を取り戻す」という方針のもと，生息・生育場の歴史的な劣化要因を分析することにより，その要因を取り除くための方策を検討し，その対策の第一歩として，「蛇行復元試験」を行うことが決定された。

　生息・生育場の分析では，水域，陸域，水際域というように標津川でみられた代表的な生息・生育場を対象に，生息・生育場の変化に応答する生物種（魚類，河畔林，草本など）の関係に着目した。

　その結果，劣化要因としては，水域でかつてみられた変化に富んだ河川の横断形状がなくなってきたことにより大型魚のすみかがなくなったり，陸域では，氾濫の頻度が小さくなり，河道改修に伴う伐採を受け，ハルニレ，ヤチダモなどの多様な河畔林から，ヤナギの単相林に変化していったことがわかった（図-5.14）。

　この分析結果から，図-5.15に示す短期的な目標として，緩流域・深場の復元，浅場（水際域）の復元，氾濫環境の復元という3つの目標を立て，それを実際に示す項目として，淀み・緩流域などの6つの指標を選定した。これらの指標項目を管理し，モニタリング・評価することにより，結果として魚類や河畔林・水際植生など生物群集全体の復元を目指すこととなった。

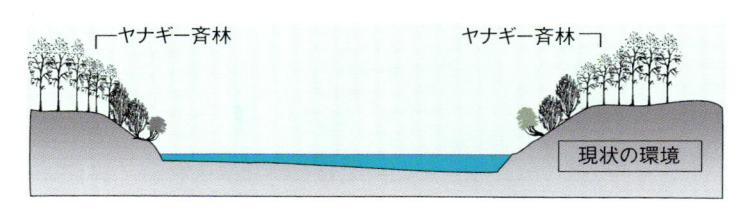

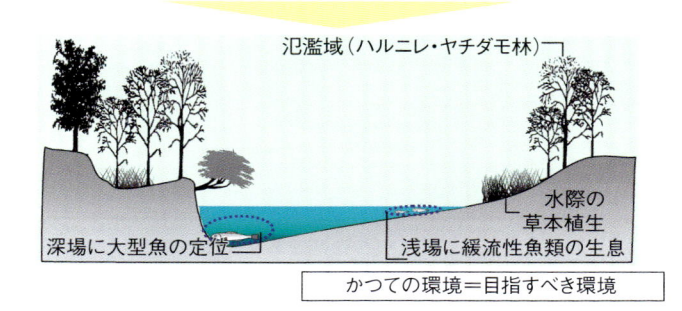

図-5.14 標津川下流部のハビタット再生イメージ(北海道開発局釧路開発建設部)

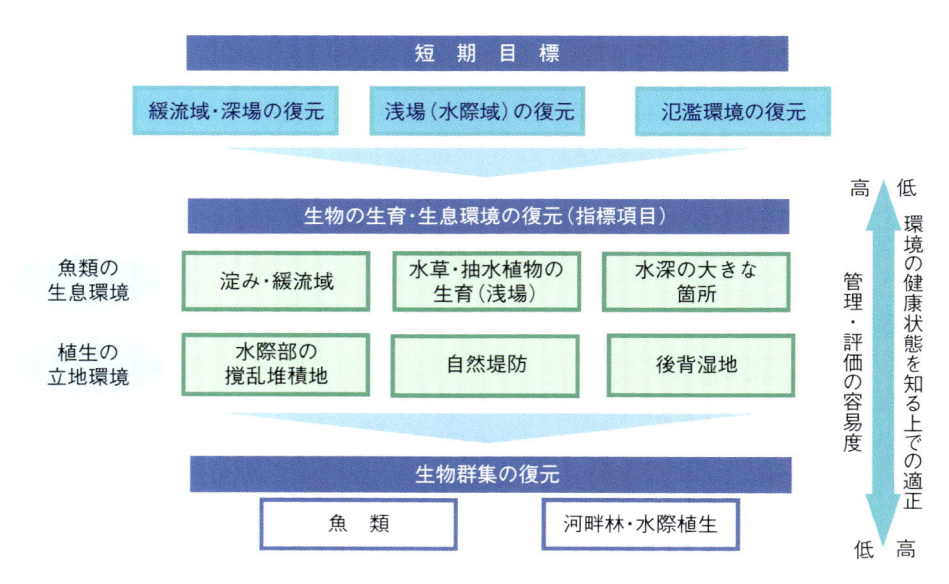

図-5.15 短期目標の設定と指標項目との関係(北海道開発局釧路開発建設部)

(3) 治療・経過観察

　有効な治療を行うためは，標津川のどこから再生を始めるかが重要であり，治水上の整備の優先度や土地利用の状況などを総合的に判断し，まず下流域大草原橋～サーモン橋間を対象に「蛇行復元試験」を行うことが決定された(図-5.16)。

第5章 治療から経過観察まで（対策の実施やフォローアップの事例）

図-5.16 蛇行再生試験（右上は連結前）（北海道開発局釧路開発建設部）

　この試験は，流域懇談会が提言した「順応的な事業」という方針に則るもので，短期的な目標の実現に向けた治療として，まず小規模に蛇行を復元し，その経過観察として短期目標で示された指標項目がどのような応答を示すのか，さらには生物群集にどのような影響を及ぼすのかについて「標津川技術検討委員会」を中心としたモニタリングおよび検証が行われている。

　その結果，再蛇行化した流路に多くの魚類がみられ，倒木を投入した深場にサクラマスやシロザケの定位がみられたり（図-5.17），蛇行による河川の横

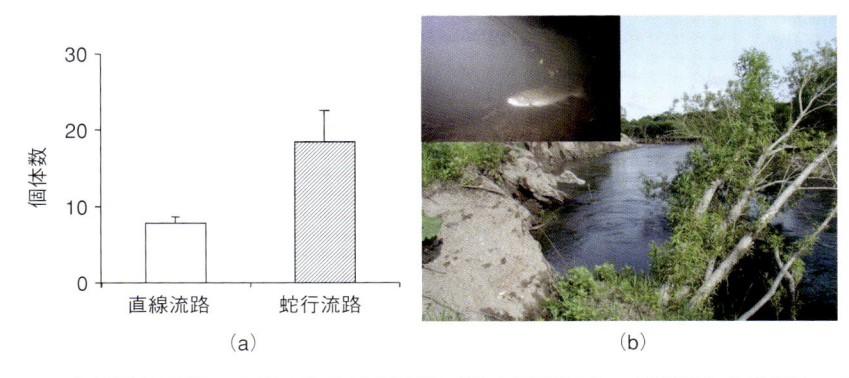

図-5.17　(a) 再蛇行後，直線流路と蛇行流路で潜水観察によって確認した魚類と，投網で採捕した魚類の個体数の合計（平均±1SE，$n=4$）（河口ほか，2005を改変）
(b) 再蛇行後，河岸浸食によって蛇行流路内に倒れ込む樹木と樹木の下に定位するサクラマス（河川生態学術研究会標津川研究グループ資料）

断形状の変化に応じて底生動物の多様性が増したり（**図-5.18**）するなど，生物の生息・生育場を復元することにより，生物群集がある程度予想どおりの反応を示すことが確認され，今後の自然再生の展開に向けた大きな足がかりとなっている。

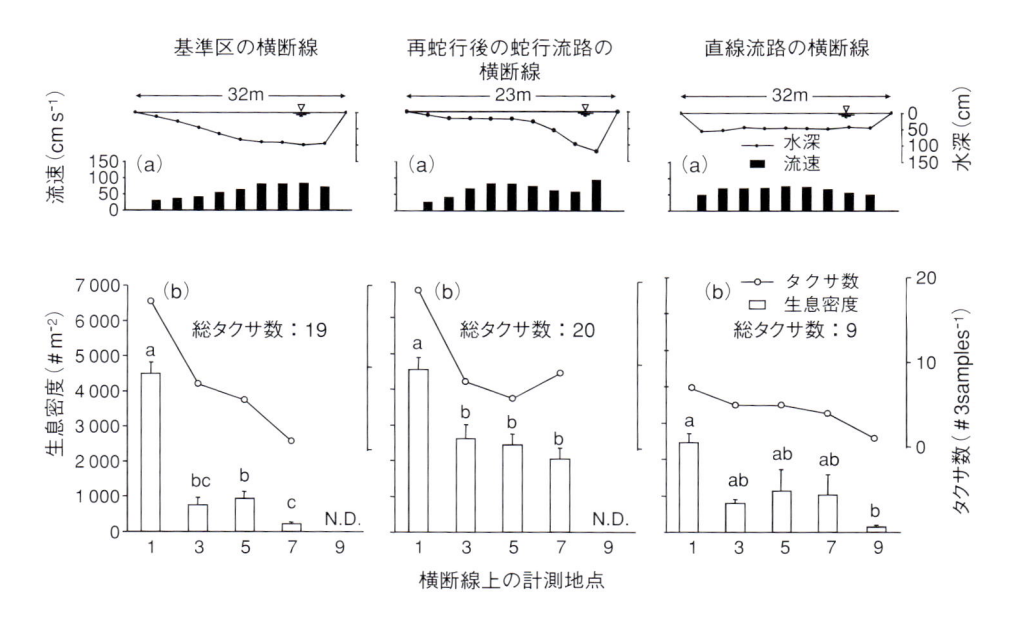

図-5.18　2002年6月に基準区，再蛇行後の蛇行流路，直線流路に設定した各横断線上で計測した(a)流速と水深，(b)底生動物の生息密度とタクサ数。誤差線は標準誤差を示す。白抜きの棒グラフで同じ小文字の場合，統計的な違いがないことを示す（Scheffe's test, P＞0.05）（中野ほか，2005を改変）

(4)　今後の課題

　多摩川と同様に，今回の事業（治療）はある限られた区間で行われた試験的なものであり，このような蛇行再生を標津川の下流域全体へどのように展開すべきかが課題となっている。また，蛇行再生試験の際にも議論となったが，現在では貴重な動植物が生息・生育する止水的環境である旧流路について，どれを残してどれを本川とつなぐべきかも検討課題となっている。さらに，このような復元事業は，農業などの土地利用や蛇行化に伴う土砂流出を心配する漁業と相反することが少なくないため，これらのバランスをどのように図るかも課題となっている。

5.3.4　北川における事例

(1)　北川自然再生事業の概要

　北川では平成9年9月の出水による大災害が契機となり，河川激甚災害対策特別緊急事業（激特事業）に採択され，流下能力を向上させるための事業が緊急的に行われた（図-5.19）。事業は河道掘削を基本としたものであるが，「改修による環境への影響を最小限にすること」を環境目標とし，掘削場所や掘削方法の検討過程で環境の重要性により決定した優先順位が考慮されるなど，北川の有する多様な自然環境の保全・復元を目指した試みが行われている。

北川座談会資料より

図-5.19　北川事業対象地区（国土交通省延岡河川国道事務所）

(2)　経　緯

　北川ではたびたび洪水による被害が発生しており，平成9年9月には，九州を横断した台風19号に伴う豪雨により堤防が決壊し，家屋・事業所などの倒壊や浸水，交通網の寸断など広範囲にわたる甚大な被害が発生した（図-5.20）。この豪雨により北川町熊田では最大流量が約5 000 m^3/sに達したと推定されている。

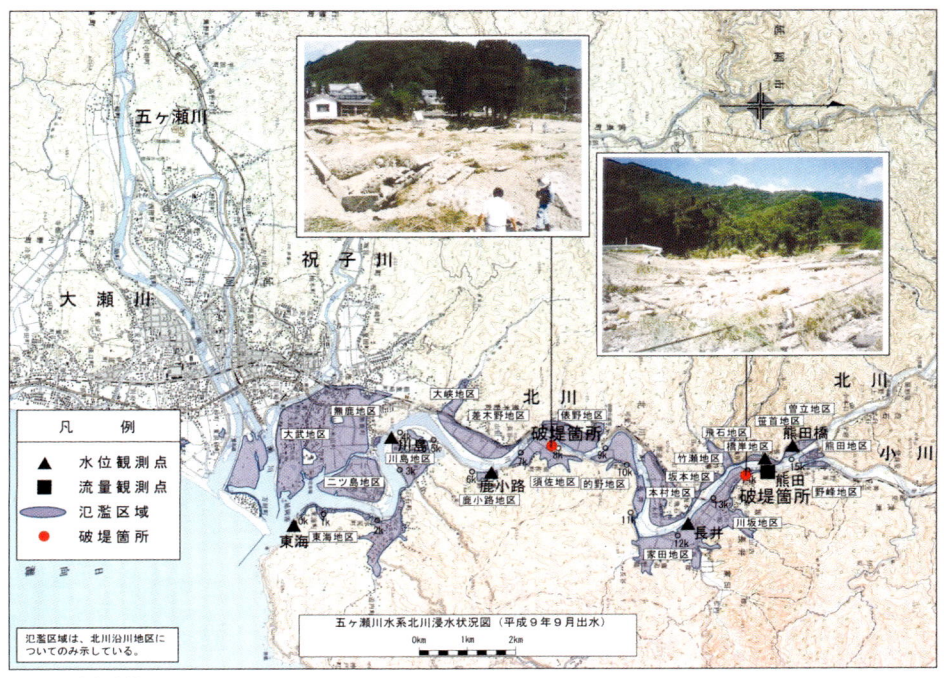

図-5.20　北川浸水状況平面図（河川生態学術研究会北川研究グループ，2004）

　この出水での河川の氾濫による災害が契機となり，五ヶ瀬川合流点から北川大橋までの延長16.6 kmを対象として，既往最大規模となった平成9年9月出水の被災流量に対処する河川改修が激特事業により実施された。

　この事業を進めるにあたり，河川環境の保全を図るとともに住民の意見を反映させた川づくりを念頭に，さまざまな立場の人の意見を踏まえ，自然豊かな現状を活かした河川整備を実現するために，地元代表者およびさまざまな分野の学識者を交えた『北川「川づくり」検討委員会』が設立された。また，本委員会は，激特事業としては全国で初めての試みとして一般公開のもとで行われ，河川改修上の影響や環境・景観への配慮などを総合的に検討した上で事業計画が策定された。この委員会は事業計画策定後に「北川モニタリング委員会」へ移行し，事業実施段階での各種モニタリングやその対応について議論され，現地での施工に広く反映された（**図-5.21**）。またこれとは別に，生態系への影響を小さくするための基礎データの収集，工事への提言を目的として河川生態学術研究会・北川研究グループが組織され，「哺乳類の行動追跡」，「河口域の環境変化」，「植生遷移」，「砂礫の移動と植生との関係」などについて調

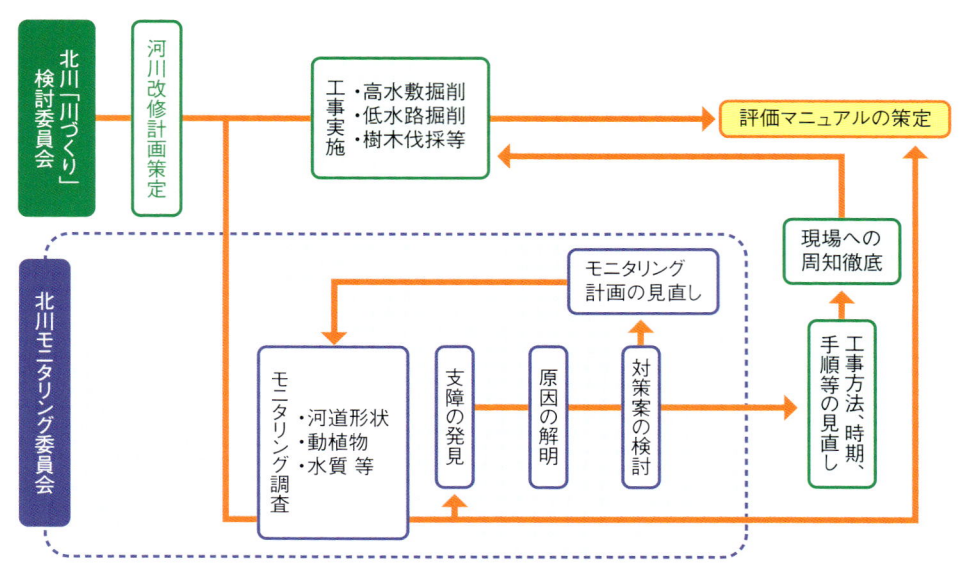

第5章 治療から経過観察まで(対策の実施やフォローアップの事例)

図-5.21　北川川づくり実施フロー(国土交通省延岡河川国道事務所)

査を行った。

(3) 治療・経過観察

　河道改修計画の検討にあたっては，河川水位の縦断的特性(潮位の影響を受けること等)を踏まえた上で，洪水氾濫から守るべき地区を中心に考え，北川沿川に隣接する地区別に河川環境および河川形態により区間分割を行い，分割区間ごとに改修計画内容および配慮事項を検討した(図-5.22)。区間別の検討を行うことにより，各地区の状況に応じた詳細な改修計画を立案した。

　また，各地区における改修計画の検討段階においては，河川の自然環境や河川利用の状況および改修後の予測などを河川環境情報図として整理し，事業実施の検討材料として活用した。環境情報図の作成には，航空写真，生物の生息・生育状況，河床形態などの調査結果を利用し，生息・生育場の観点から陸域では植生，水域では河床形態に着目して視覚的に区分できる環境区分を作成した。そして最終的には，それらの情報を基にして，生物の生息・生育密度や再生の速さなどの観点から環境の重要度を検討し，改修方針を決定した。なお，環境情報図の色使いについては河川環境が視覚的・直感的にわかりやすいよう，保全上重要なものほど明るい色とし，重要度が低いものを暗い色にするなどの工夫がなされている(図-5.23)。

5.3 治療プログラムの事例

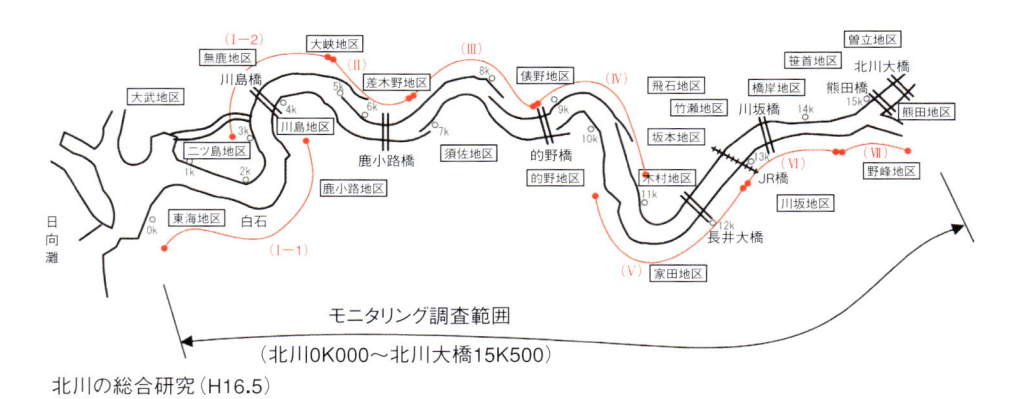

図-5.22 検討区間分割平面図（河川生態学術研究会北川研究グループ，2004）

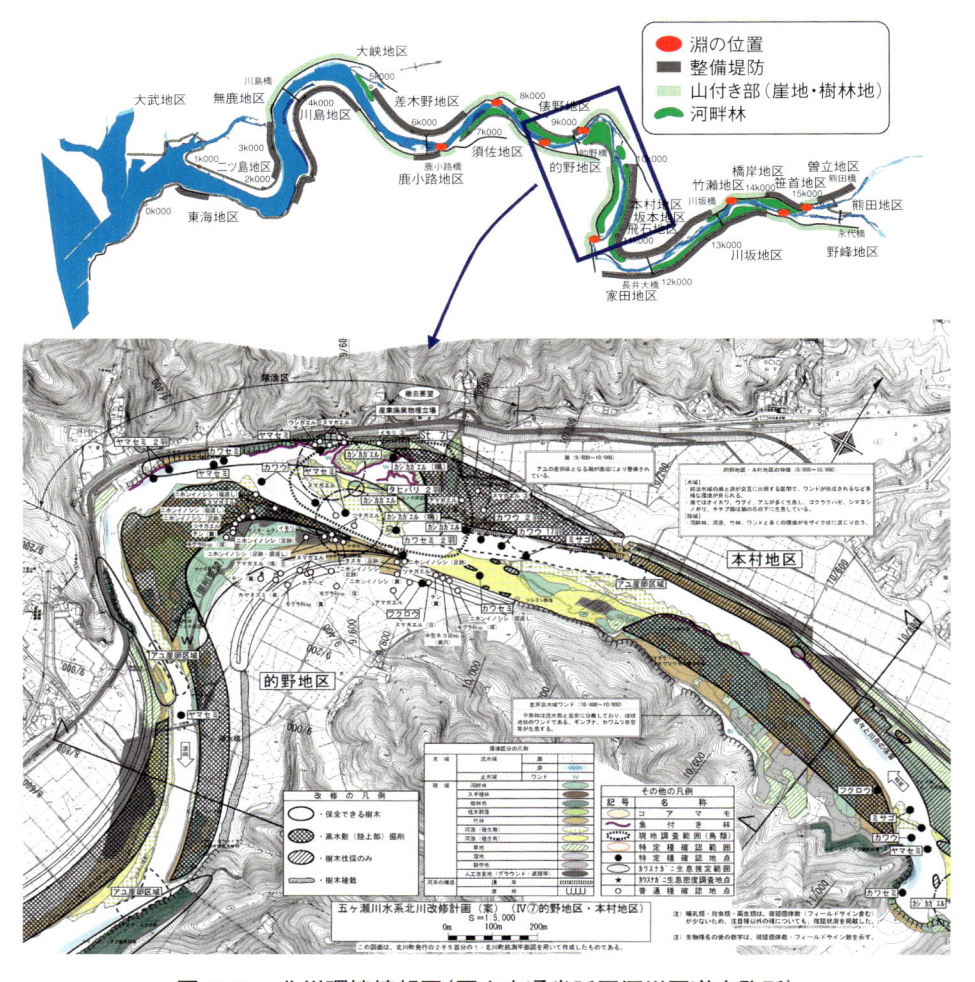

図-5.23 北川環境情報図（国土交通省延岡河川国道事務所）

第5章 治療から経過観察まで（対策の実施やフォローアップの事例）

　改修工事実施段階においては，モニタリング調査により改修工事のインパクトを把握し，モニタリング方法と改修工事計画へのフィードバックを行った。モニタリング調査項目を設定する際には，改修事業におけるインパクト・レスポンス予測の結果を利用している。大規模かつ短期間に行われる河川改修において，環境への直接的影響や自然の営力による環境の変化（レスポンス）について，陸域や水域，環境への影響変化が注目される場所ごとにレスポンスを予測することで，モニタリング調査に必要となる項目を抽出した。

　調査項目は，河川の変化について全川で一様に俯瞰的に調査を行うもの（全体調査項目）と，とくに大規模な改修を行った場所，保全対策を実施した場

モニタリング調査の概要

　モニタリング調査は，河川改修によるインパクトによる環境への直接的影響や自然の営力による環境の変化（レスポンス）予測を行い，それに対応したモニタリング項目を設定し，北川モニタリング委員会等の専門家の助言を参考にしながら調査を進めた。
　モニタリング調査は，環境変化の要因ともなる出水状況や瀬・淵などの河道状況，水質，水域・陸域の生物の生息・生育状況等多岐にわたり実施した。
　モニタリング調査を実施するにあたり，北川の変化について全川で一様に俯瞰的に調査を行うもの（全体調査項目）と，特に大規模な改変を行った場所，保全対策を実施した場所，貴重種の生息・生育場所や繁殖場所等，着目すべきポイントを抽出して綿密に調査を行うもの（重点調査項目）の2つに分けてモニタリング調査を実施した。

■全体調査項目
　この項目は北川の変化を全川で一様に俯瞰的に記録することを目的に行い，基本的には計画策定段階に実施してきた自然環境調査に河道形状，水質の調査を加えて実施した。
（河道形状，河床材料，水質，生物相など）

■重点調査項目
　重点調査項目および地点は，特に大規模な改変を行った場所，保全対策を実施した場所，貴重種の生息・生育場所や繁殖場所等着目すべきポイントを抽出して綿密に調査を行う必要があると考えられた場所・項目について調査を行った。
（アユ産卵場，カワスナガニ，オオヨシキリなどのモニタリング指標）

図-5.24　モニタリング調査項目（国土交通省延岡河川国道事務所）

所，貴重種の生息・生育場所や繁殖場所等，着目すべきポイントを抽出し綿密に調査を行うもの（重点調査項目）の2つに区分し，調査の実施頻度等が把握しやすいように整理されている（**図-5.24**）。

なお，事業では生態系への影響をできるだけ軽微に抑えるように，高水敷掘削や樹木の伐採による河川改修を実施したが，計画段階では，砂州の地形変化と植生の回復・破壊について，洪水と関連付けた予測ができなかった。そのため，高水敷掘削を実施した砂州で植生がどのように遷移するかを追跡調査により確認した。その結果，高水敷を全面掘削した川坂地区では，帰化植物のアレチハナガサが優占したのに対し，表土を保全して，旧河道の植生を残した的野地区では，在来の湿地性植物が優占した植生が回復しており，一部の植生を残すことが，在来種中心の植生を復元する上で重要であることが明らかとなった（**表-5.2**）。

以上のようなモニタリング調査の結果は，順次実施計画にフィードバックされ，樹木群落としての河畔林の存置，水際部の存置，改修内容の変更による既存ワンドの保全措置，移植場所の変更が行われるなど，順応的に工事が進められた（**図-5.25**）。

表-5.2 掘削方法による植生回復傾向の違い
（2003年時点の各地区における植被面積上位10種を示す）
（河川生態学術研究会北川研究グループ，2004を一部改変）

全面を掘削したエリア（川坂地区）	植被面積 (m³)	一部の植生を残したエリア（的野地区）	植被面積 (m³)
アレチハナガサ*	67.40	ヤナギタデ	5.24
ツルヨシ	39.28	オオクサキビ	2.32
ヤナギタデ	3.72	ヌカキビ	2.32
オオホウキギク*	3.68	メヒシバ	1.76
ヨモギ	3.56	ツルヨシ	1.72
シマスズメノヒエ*	3.36	オニガヤツリ	1.24
キンエノコロ	3.24	ノゲイトウ*	0.68
ススキ	2.92	コウガイゼキショウ	0.48
セイタカアワダチソウ*	2.44	キンエノコロ	0.40
ヌカキビ	1.20	マツカサススキ	0.40

注）印が付いた種は帰化植物を示す。

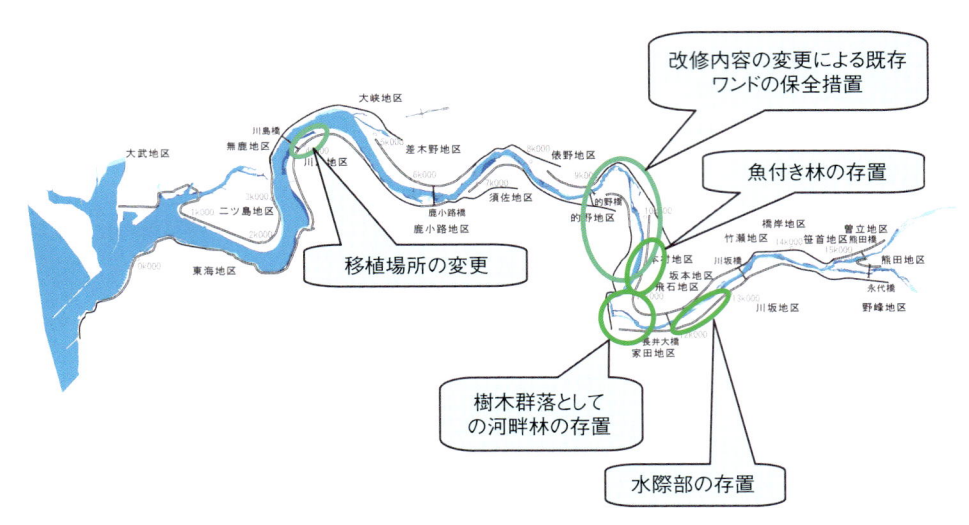

図-5.25 モニタリング調査によるフィードバック（国土交通省延岡河川国道事務所）

（4） 今後の課題

　北川の激特事業は，直轄区間が平成 13 年度，県管理区間が平成 16 年度に完成し，治水・環境面において大きな成果を上げた。一方で，自然再生事業における課題も明らかとなってきている。例えば，河道の流下能力を高めるために行った高水敷掘削や河畔林伐採などの改修工事により，植被の程度が低い砂州が形成され，それまでの安定した砂州が変化しやすくなった。したがって，湾曲部で河畔林を伐採する際には，砂州の制御効果を補うための維持管理方法について検討し，生態系に悪影響を及ぼさないよう努める必要があることが，要検討事項として挙げられた。今後も長期的・継続的に経過観察を実施することが求められる。

5.3.5　円山川における事例

（1）　円山川自然再生事業の概要

　日本で最後まで「野生のコウノトリ」が生息していた場所である円山川流域において，平成 16 年 10 月の台風 23 号の緊急治水対策（激特事業）と併せて，「コウノトリと人が共生する環境の再生」を目標として，失われた湿地やエコトーン（移行帯）の再生を目指した整備が進められている。

(2) 経　緯

　円山川は，かつて広大な湿地に囲まれ，多様な自然環境が広がっていた。また，円山川を中心とした豊岡盆地は，日本で最後まで「野生のコウノトリ」が生息していた場所でもあり，周辺の農業や里山環境など，人の暮らしと自然とが相互にバランスした地域でもあった。

　円山川の流域では，現在でも比較的豊かな自然が残されている。しかし，近年の流域の都市化の進行や営農形態の変化により，かつてコウノトリとともにあった円山川の姿(**図-5.26**)と比較すると，自然の質は大きく変化してきている。例えば，円山川流域の田んぼは，水はけが悪い地形特性のためその多くは湿田(湿地)であったと考えられ，そこには，コウノトリの餌となる魚類やカエル，昆虫類が豊富に生息していたと推察される(**図-5.27**)。現在では，河川改修や圃場整備等により，生物の生息場が減少するとともに，生物種の多様性が減少するなど，生態系の劣化が進行しているのも事実である。

　このような中で「コウノトリ野生復帰推進協議会」の設立，「コウノトリ野生復帰推進計画」の策定と平行して，平成16年10月の台風23号の被害に対する緊急治水対策(激特事業)として，必要な治水機能を確保しつつ，過去に失われた湿地やエコトーンの再生を積極的に進める「自然再生事業」がスタートした。

　自然再生事業に向けた具体的な計画としては，「円山川水系自然再生計画検討委員会」において，平成15年1月から平成17年9月にかけて11回の審議を

図-5.26　昭和30年頃の出石川(写真：富士工芸社)

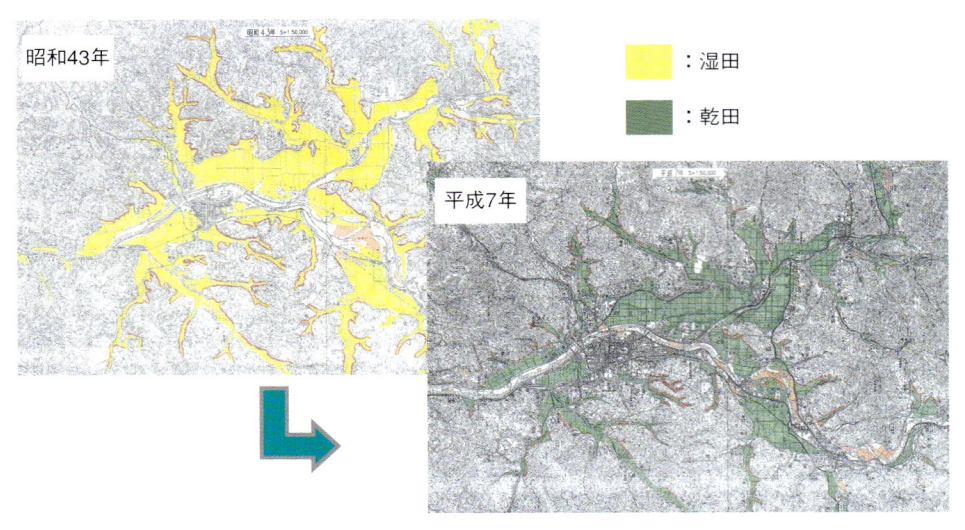

図-5.27　圃場整備による湿田の減少（国土交通省豊岡河川国道事務所）

行い，治水，利水上の機能を考慮しながら，河川における豊かな自然環境の保全・再生・創出を図っていくための計画として「円山川水系自然再生計画」が策定された。この計画策定後に議論の場は「円山川水系自然再生推進委員会」に引き継がれ，具体的な計画の推進およびモニタリングによる評価が行われている。

(3)　治療・経過観察

a. 目標の設定

円山川の自然再生事業は，「コウノトリと人が共生する環境の再生」を目指し，残された豊かな自然の保全と，失われた自然環境およびその機能の回復を目指し，下に示す4つの目標の実現に向けて，地元住民，学術研究機関，NPO等の関係機関との連携を図りながら事業を進めている。

■円山川水系自然再生の目標
①　特徴的な自然環境の保全・再生・創出
②　湿地環境の再生・創出
③　水生生物の生態を考慮した河川の連続性の確保
④　人と自然の関わりの保全・再生・創出

また，意志決定のプロセスを明確にするために，議論は公開で進めるとと

もに，審議内容や委員会資料などは国土交通省豊岡河川国道事務所，および兵庫県豊岡土木事務所で公開されている。

b．治療と経過観察

円山川では，自然再生の目標のうち，②と③を中心として実際の対策事業が行われている。

■河道のショートカット，圃場整備等
　⇒　湿地環境の創出
■河岸の単調化・樹林化・砂州の固定化
　⇒　環境遷移帯の創出
■魚類の移動障害
　⇒　河川縦断方向の連続性確保
　⇒　河川と水路の連続性確保
■低水路の直線化
　⇒　瀬・淵のある多様な流れの創出

具体的には，河道のショートカット，圃場整備等による湿地の減少，河岸の単調化・樹林化・砂州の固定化，魚類の移動障害といった課題に対して，それぞれの整備方針を立て，現状での制約条件を加味した上で，**表-5.3**に示す整備計画を策定している。

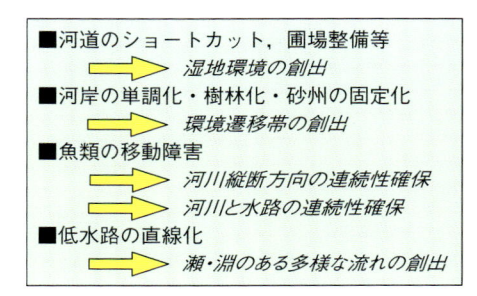

この計画に従い，現在，湿地再生や河川の縦断・横断連続性の確保など具体的な目標を立てながらさまざまな対策が進められている（**図-5.28**）。例えば，湿地の再生では平成16年度から平成21年度にかけての約5年間で，当初の湿地面積を約3倍にまで確保する予定となっている。現在，円山川の下流部では，水際部の高水敷を掘り下げて湿地を再生しており，モニタリング調査の結果，タコノアシ，ミズアオイ，ホソバイヌタデなど貴重な植物が生育していることが確認されている（**図-5.29**）。また，円山川中流部では，水位変動の大きい中・上流部での効果的な湿地再生手法の基礎資料とするため，試験的に

表-5.3　整備メニューと整備箇所の選定方針
（国土交通省豊岡河川国道事務所）

整備メニュー	整備箇所の選定方針
○湿地再生区間	湿地が失われた区間，乾田地区，水田利用放棄地区，乾地化が進行している中州，旧流路（湿地再生の余裕のない箇所は対象外）
○環境遷移帯再生区間	湿地再生区間以外の低水路湾曲内岸側で，河岸横断勾配が急勾配化している区間
○瀬・淵の再生区間	川幅水深比が大きく変化している区間（出石川1〜2k，7〜8.4k）
○河川縦断方向の連続性の確保	既存の河川横断工作物に設置されている魚道を対象に改善する
○河川と水路の連続性の確保	河川と水路の間に落差があり，魚類の移動障害となっている施設を対象に改善する

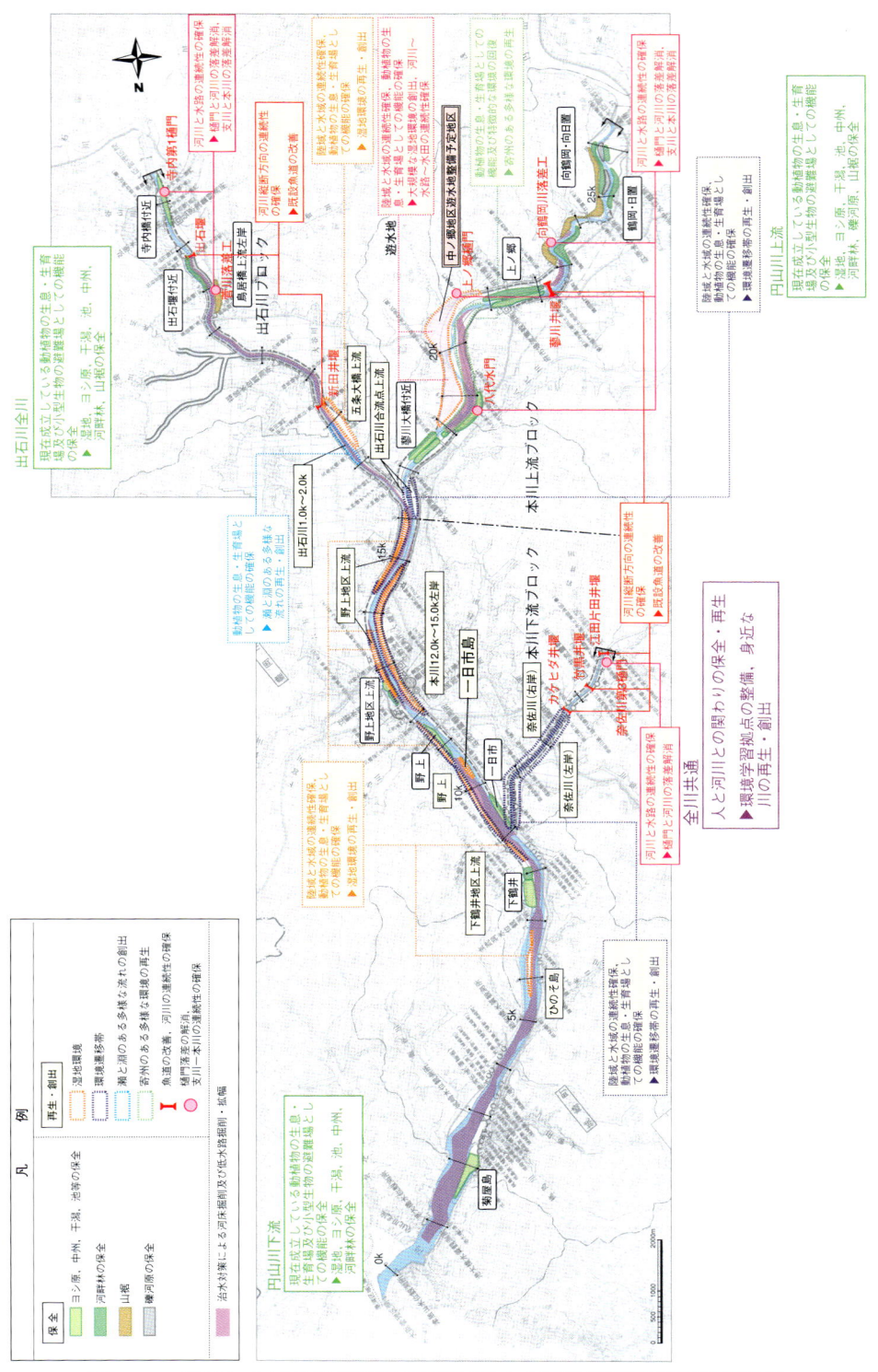

第5章 治療から経過観察まで（対策の実施やフォローアップの事例）

図-5.28 流域における整備計画の配置（国土交通省豊岡河川国道事務所）

小規模な湿地を創出し，モニタリング調査による詳細なデータ取得が行われている。

このような取り組みにより，湿地面積は平成16年度の82ヘクタールから，平成18年度には109ヘクタールに増加した。再生湿地は野生放鳥したコウノトリのエサ場としても利用されており，再生による成果がみられはじめている。

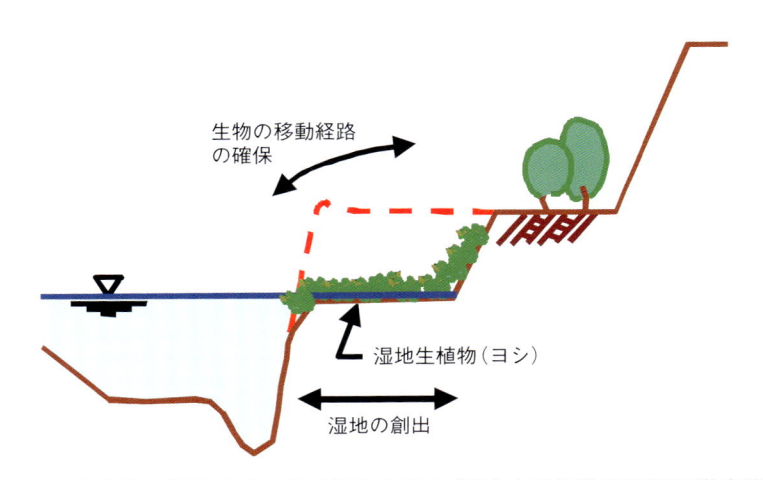

図-5.29　高水敷の掘り下げによる湿地の創出（国土交通省豊岡河川国道事務所）

(4) 今後の課題

円山川の自然再生事業は，かつてコウノトリが生息していた頃の多様な生態系の再生を目標としているが，単に生き物を中心としたものではなく，これらの生物がとりまく人々との暮らしも考慮した，いわば地域の自然再生事業となっていることが大きな特徴である。

円山川流域では，コウノトリと共生できる環境が人にとっても安全で安心できる環境であるとの認識に立ち，「コウノトリ野生復帰推進計画」を推進してきた。平成19年2月現在計14羽のコウノトリを放鳥し，野生に戻す試みを行っている。円山川の自然再生事業も，このコウノトリの野生復帰計画と強い関係を持ちながら進められている。コウノトリというわかりやすく，合意を得やすいシンボルが存在することで，円山川流域の自然再生事業が地域の中で明確な位置づけを持つとともに，事業の進捗やモニタリングによる評価が，万人に理解しやすい内容となっていることをとくに指摘しておきたい。

第5章 治療から経過観察まで（対策の実施やフォローアップの事例）

　平成19年には，野生放鳥したコウノトリが自然繁殖で子供を産み，現在まで無事に成長を続けているなど，コウノトリの野生復帰に向けた取り組みが一歩ずつ確実に進んでいる（**図-5.30**）。コウノトリの真の意味での野生復帰のためには，コウノトリが生き，暮らし，子孫を残し続けることができる環境を再生し，保っていく必要があり，現在進めている自然再生の効果を検証しながら，さらに計画を前進させることが重要である。

図-5.30　コウノトリ放鳥個体　左の1羽が自然繁殖で生まれた個体
　　　　　（写真：リバーフロント整備センター）

<参考文献>

1) Adamus P. R., Clairain E. J., Smith R. D., and Young R. E.: Wetland Evaluation Technique (WET): Volume II: Methodology. Development of the Army, Waterways Experiment Station, Vicksburg, MS. NTIS No. ADA 189968(1987)

2) Boon P. J., J. Wilkinson & J. Martin: The application of SERCON(System for Evaluating Rivers for Conservation)to a selection of rivers in Britain. In: Boon, P. J. & P. J. Raven (eds), The Application of Classification and Assessment Methods to River Management in the UK. Aquatic Conservation: Marine and Freshwater Ecosystems Ecosyst.(special issue)8, pp.597-616(1998)

3) Boon P.J.: The development of integrated method for assessing river conservation value. Hydrobiologia 422/423, pp.413-428(2000)

4) Buffangni A. and Kemp J.L.: Looking beyond the shores of the United Kingdom: addenda for the application of River Habitat Survey in Southern European rivers. Journal of Limnology. 61(2), pp.199-214(2002)

5) Environmental Agency UK: River Habitat Quality-the physical character of rivers and streams in the UK and Isle of Man(1997)

6) Environmental Agency UK: River Habitat Survey-1997Field Survey Guidance Manual; Incorporating SERCON(1997)

7) Environment Agency: River Habitat Survey in Britain and Ireland, Field Survey Guidance Manual: 2003 Version(2003)

8) Fox P.J.A., Naura M., and Scarlett P.: An account of the derivation and testing of a standard field method, River Habitat Survey. Aquatic Conservation: Marine and Freshwater Ecosystem. 8, pp.455-475(1998)

9) 厳島怜，島谷幸宏，河口洋一:魚類相からみた九州のエコリージョン区分，平成18年度土木学会西部支部研究発表会講演概要集(2006)

10) John F. Wright, David W. Sutcliffe and Mike T. Furse: Assessing the biological quality of fresh waters; RIVPACS and other techniques, The Freshwater Biological Association, Ambleside, p.400(http://www.fba.org.uk/rivpacs.html)(2001)

11) 環境省水質保全局:平成11年度水生生物等による水環境評価手法検討調査報告書(2000)

12) Karr J. R., Chu E. W.: Restoring Life in Running Waters; Better Biological Monitoring, Springer Netherlands(2004)

13) Karr J. R. and Chu E. W.: Biological Monitoring and Assessment: Using Multimetric Indexes Effectively. EPA 235-R97-001. University of Washington, Seattle, WA.(1997)

14) Karr J. R.: Biological integrity: a long-neglected aspect of water resources management, Ecological Applications, 1, pp.66-84(1991)

15) Karr J. R.: Assessment of biotic integrity using fish communities. Fisheries 6(6), pp.21-27(1981)

16) 河川環境管理財団編:流域マネジメント-新しい戦略のために-(2006)
河川生態学術研究会北川研究グループ:北川の総合研究-激特事業対象区間を中心として-(2004)

17) 河川生態学術研究会標津川研究グループ資料

18) 河川生態学術研究会多摩川研究グループ:多摩川の総合研究-永田地区を中心として-(2000)

19) 河川生態学術研究会多摩川研究グループ:多摩川の総合研究-永田地区の河道修復-

参考文献

(2006)

20) 河川生態学術研究会千曲川研究グループ：千曲川の総合研究－鼠橋地区を中心として－(2001)

21) 河口洋一，中村太士，萱場祐一：標津川下流域で行った試験的な川の再蛇行化に伴う魚類と生息環境の変化。応用生態工学会 vol.7 (2)，pp.187-200 (2005)

22) 北村忠紀，田代喬，辻本哲郎：生息場評価指標としての河床攪乱頻度について，河川技術論文集，Vol.7，土木学会，pp.297-302 (2001)

23) 国土交通省北海道開発局釧路開発建設部資料

24) 国土交通省北陸地方整備局千曲川河川事務所：River Ecosystem 河川生態系の基礎知識－改訂版－(2004)

25) 国土交通省関東地方整備局京浜河川事務所：多摩川永田地区における自然再生（パンフレット）(2006)

26) 国土交通省近畿地方整備局豊岡河川国道事務所資料

27) 国土交通省国土技術政策総合研究所資料

28) 国土交通省九州地方整備局延岡河川国道事務所資料

29) 國井秀伸：河川環境の健全性評価－River Habitat Survey の紹介－，ワークショップ「河川環境目標への科学的アプローチは可能か－考え方と実際－」報告書，pp.21-30 (2006)

30) 楠田哲也：河川環境目標と達成手法－豪州の事例を踏まえて－，ワークショップ「河川環境目標への科学的アプローチは可能か－考え方と実際－」報告書，pp.31-40 (2006)

31) 小出水規行，松宮義晴：Index of Biotic Integrity による河川魚類の生息環境評価。水産海洋研究 61，pp.144-156 (1997)

32) 小堀洋美，春木智洋，厳網林：東京都の河川を対象とした底生生物指標による河川の健全度の評価手法 (IBI) の開発とその特性），応用生態工学会第7回研究発表会講演集 (2003)

33) 小堀洋美，オカノ ユーガナワティー，所壮登，久居宣夫：河川の健全度の評価手法 (IBI) を用いた東京都主要河川の類型化と多自然型河川改修の評価。応用生態工学会第7回研究発表会講演集 (2003)

34) MEC Analytical System Inc.: Production and Valuation Study of an Artificial Reef off Southern California, Final Report submitted to Los Angels and Long Beach (1991)

35) U.S Fish and Wildlife Service : Habitat evaluation procedures (HEP). Washington, D.C : Division of Ecological Service ESM, pp.101-103 (1980)

36) 身近な水域における魚類等の生息環境改善のための事業連携方策調査委員会：身近な水域における魚類等の生息環境改善のための事業連携方策の手引き (2004)

37) Milner N.J., Wyatt R.J. and Broad K.: HABSCORE-applications and future developments of related habitat models. Aquatic Conservation : Marine and Freshwater Ecosystem. 8, pp.633-644 (1998)

38) 森誠一：魚類の生息環境として好ましい河川のあり方。ワークショップ「河川環境目標への科学的アプローチは可能か－考え方と実際－」報告書，pp.63-70 (2006)
Murray-Darling Basin Commission : Snapshot of the Murray-Darling Basin River Condition (2001)

39) 河川環境管理財団：流水・土砂の管理と河川環境の保全・復元に関する研究 (2004)

40) 中村太士：階層的河川環境評価の考え方。ワークショップ「河川環境目標への科学的アプローチは可能か－考え方と実際－」報告書，pp.41-52 (2006)

41) Nakamura F., Inahara S., Kaneko M.: A hierarchical approach to ecosystem assessment of restoration planning at regional, catchment and local scales in Japan, Landscape and Ecological Engineering (2005)

42) 中野大助，布川雅典，中村太士：再蛇行化に伴う底生動物群集の組成と分布の変化，応用生態工学 7，pp.173-186(2005)

43) 中田秀昭：得点法における生物環境評価。沿岸の環境圏(平野敏行編)：pp.856-862，フジ・テクノシステム，東京(1998)

44) 日本水環境学会編：日本の水環境行政，ぎょうせい(1999)

45) 日本生態系協会編：環境アセスメントはヘップ(HEP)でいきる－その考え方と具体例－，ぎょうせい(2004)

46) Norris R.H., et al : The Assessment of River Condition(ARC)an Audit of the Ecological Condition of Australian Rivers, National Land and Water Resources(2001)

47) Orth D. J. and Maughan O. E.: Evaluation of the Incremental Methodology for Recommending Instream Flows for Fishes, Transactions for the American Fisheries Society, 3(4), pp.413-445(1982)

48) Parsons M., Thoms M. and Norris R.: Australian River Assessment System, Review of Physical. River Assessment Methods ? A Biological Perspective. Monitoring River Health Initiative Technical Report. Report number 21(抜粋)(2002)

49) Postel S., Richter B.著，山岸哲，辻本哲郎訳：生命の川，新樹社(2006)

50) Raven P.J., Boon P.J., Dawson F.H. and Ferguson A.J.D.: Towards an integrated approach to classifying and evaluating rivers in the UK. Aquatic Conservation : Marine and Freshwater Ecosystem. 8, pp.383-393(1998)

51) Raven P.J., Holmes N.T.H., Dawson F.H. and Everard M.: Quality assessment using River Habitat Survey data. Aquatic Conservation : Marine and Freshwater Ecosystem. 8, pp.477-499(1998)

52) Raven P.J.,Olmes N.T.H., Charrier P.,Dawson F.H., Naura M. and Boon P.J.: Towards a harmonized approach for hydromorphological assessment of rivers in Europe : a qualitative comparison of three survey method. Aquatic Conservation : Marine and Freshwater Ecosystem. 12, pp.405-424(2002)

53) 産業環境管理協会編：20世紀の日本環境史(2006)

54) 島谷幸宏：河川事業における環境目標とその評価～事例を通して。ワークショップ「河川環境目標への科学的アプローチは可能か－考え方と実際－」報告書，pp.82-92(2006)

55) Simon T. P.: Assessing the Sustainability and Biological Integrity of Water Resources Using Fish Communities, CRC(1998)

56) Smith R. D., Ammann A., Bartoldus C., and Brinson, M. M.: An Approach for Assessing Wetland Functions Using Hydrogeomorphic Classification, Reference Wetlands, and Functional Indices. Wetland Research Program Report WRP-DE-9(1995)

57) 谷田一三：河川ベントスの食物網構造と環境目標，ワークショップ「河川環境目標への科学的アプローチは可能か－考え方と実際－」報告書，pp.71-81(2006)

58) 玉井信行編：河川計画論－潜在自然概念の展開，東京大学出版会(2004)

59) 玉井信行，奥田重俊，中村俊六編：河川生態環境評価法－潜在自然概念を軸として，東京大学出版会(2000)

60) 田中章：生態系評価システムとしてのHEP，「環境アセスメントここが変わる」(島津康男他編)，pp.81-96，環境技術研究協会，大阪(1998)

61) 田中章：何をもって生態系を復元したといえるのか？－生態系復元の目標設定とハビタット評価手続きHEPについて，ランドスケープ研究 Vol.65 No.4，pp.282-285(2002)

62) 田代喬，渡邉慎多郎，辻本哲郎：造網型トビケラの棲み込みによる河床の固結化，河川技術論文集，Vol.10,土木学会，pp.489-494(2004)

■ 参考文献

63) 田代喬，加賀真介，辻本哲郎：個体群動態モデルの生息場評価手法への導入に関する基礎的研究，水工学論文集，47，pp.1105-1110(2003a)
64) 田代喬，加賀真介，辻本哲郎：河床付着性藻類群の繁茂動態のモデル化とその実河道への適用，河川技術論文集，9，pp.91-96(2003b)
65) 田代喬，渡邉慎多郎，辻本哲郎：掃流砂礫による付着藻類の剥離効果算定について。水工学論文集，47，pp.1063-1068(2003c)
66) 戸田祐嗣，辻本哲郎，藤森憲臣：取水量の大きな砂河川における河床付着藻類の繁茂について，河川技術論文集，Vol.11，土木学会(2005)
67) 辻本哲郎：土砂動態の視点からの河川生態系保全の指標と目標。ワークショップ河川環境目標への科学的アプローチは可能か－考え方と実際－」報告書，pp.53-62(2006)
68) 辻本哲郎：河川工学が生態学と連携して描く河川環境目標，2004年度(第40回)水工学に関する夏期研修会講義集，土木学会，A-8(2004)
69) 海野修司，齋田紀行，伊勢勉，末次忠司，福島雅紀，佐藤孝治，藤本真宗：多摩永田地区における河道修復事業実施後の生物群集と物理基盤の変化，応用生態工学9：47-62(2006)
70) Vannote R. L., Minshall G. W., Cummins K. W., Sedell J. R. & Cushing C. E.: The river continuum concept. Canadian Journal of Fishery and Aquatic Science 37, pp.130-137(1980)
71) Wright J.F., Furse M.T. and Moss D.: River classification using invertaebraten：RIVPACS applications. Aquatic Conservation：Marine and Freshwater Ecosystem. 8, pp.617-631(1998)
72) 山岸哲：環境目標についての議論の行く末(趣旨説明に代えて)，ワークショップ「河川環境目標への科学的アプローチは可能か－考え方と実際－」報告書，pp.17-20(2006)
73) 山口光太郎：荒川中流域における魚類生息環境の評価について，埼玉県水産試験場研究報告56号，pp.34-45(1998)
74) 河川審議会：河川環境管理のあり方について(答申)(1981)
建設省河川法研究会：改正河川法の解説とこれからの河川行政，ぎょうせい(1998)

＜参考サイト URL＞

■River Habitat Survey（RHS）を紹介しているサイト
　http://www.environment-agency.gov.uk/subjects/conservation/840884/208785/?version＝1&lang＝_e

■評価手法 QHEI を紹介しているサイト
　http://www.epa.state.oh.us/dsw/bioassess/BioCriteriaProtAqLife.html

■EU 水指令に基づく河川環境評価プロジェクトの紹介
　http://www.eu-star.at/frameset.htm

■AUSRIVAS の解説
　http://ausrivas.canberra.edu.au/index.html

■多自然型川づくりレビュー委員会提言「多自然川づくりへの展開」
　http://www.mlit.go.jp/river/shinngikai/nature-review/index.html

■HSI モデルを公開しているサイト
　日本生態系協会　　http://www.ecosys.or.jp/eco-japan/information/hsi.htm
　環境アセスメント学会　　http://www.yc.musashi-tech.ac.jp/~tanaka-semi/HSIHP/index.html

監修後記

　本書は，数年間にわたり河川環境目標検討委員会にて議論した内容について，現在までの到達点を整理するために作成したものである。治水や利水同様に，環境の目標をいかに設定したらよいのか，自然環境もしくは社会環境の地域性をどのように取り込んだらよいのか，未だ解決できていない問題点は多い。したがって，本書の内容には，議論が煮詰まっていない未完成の部分が多く残されている。しかし，河川の物理環境の記述方法や生物の生息場環境との関係など，今後，我々がどういった点に着目して河川の環境目標を考えなければならないかについては，おぼろげながら見えてきたように思う。今後，河川の環境目標について社会から論拠を求められるであろう関係者のみならず，河川の生態学的管理について興味をもつ研究者や院生にとって，本書が少しでも参考になれば幸いである。

監修者一同
代表　中村　太士
辻本　哲郎
天野　邦彦

謝　辞

　本書を作成するにあたり，国土交通省の塚原浩一氏（現内閣官房），小俣篤氏，五道仁実氏，財団法人リバーフロント整備センターの小林　稔氏，楯慎一郎氏，そして，いであ株式会社の西　浩司氏，樋村正雄氏，手塚文江氏，川口　究氏，日本工営株式会社の黒崎靖介氏，村上まり恵氏には多大なご協力，ご支援を頂いた。ここに厚く感謝の意を表したい。

河川環境目標検討委員会

川の環境目標を考える
─川の健康診断─

定価はカバーに表示してあります。

2008年7月15日　1版1刷発行	ISBN 978-4-7655-3431-4 C3051

監修者	中　村　　　太　士
	辻　本　　　哲　郎
	天　野　　　邦　彦
編　集	河川環境目標検討委員会
編集協力	財団法人 リバーフロント整備センター
発行者	長　　　滋　　　彦
発行所	技報堂出版株式会社
〒101-0051	東京都千代田区神田神保町1-2-5 （和栗ハトヤビル）
電　話	営　業　（03）（5217）0885 編　集　（03）（5217）0881 Ｆ Ａ Ｘ　（03）（5217）0886
振替口座	00140-4-10
	http://www.gihodoshuppan.co.jp/

日本書籍出版協会会員
自然科学書協会会員
工 学 書 協 会 会 員
土木・建築書協会会員

Printed in Japan

Ⓒ Futoshi Nakamura, Tetsuro Tsujimoto and Kunihiko Amano, 2008

装幀　ジンキッズ　　印刷・製本 昭和情報プロセス

落丁・乱丁はお取り替えいたします。
本書の無断複写は，著作権法上での例外を除き，禁じられています。